O LIVRO *dos* CRISTAIS

O livro é a porta que se abre para a realização do homem.
Jair Lot Vieira

O LIVRO *dos* CRISTAIS

Guia sobre o poder energético
e terapêutico dos cristais

Karen Frazier

mantra

Text © 2017 by Callisto Media, Inc. All rights reserved.
First published in English by Althea Press, an imprint of Callisto Media, Inc.
Photography © Lucia Loiso, cover & p. 6, 9-10, 13-16, 19, 27-28, 42, 52, 62-64, 67, 69, 71, 73, 75, 77, 79, 81, 83, 85-86, 128-130 & 182. For additional photography credits please see p. 206.
Illustrations © Megan Dailey, p. 37, 55, 133, 139, 147, 151, 159, 165, 173, 177 & 179.

Copyright da tradução e desta edição © 2020 by Edipro Edições Profissionais Ltda.

Título original: *Crystals for Beginners: The Guide to Get Started with the Healing Power of Crystals.*
Publicado originalmente em Berkeley, CA, em 2017. Traduzido a partir da 1ª edição.

Todos os direitos reservados. Nenhuma parte deste livro poderá ser reproduzida ou transmitida de qualquer forma ou por quaisquer meios, eletrônicos ou mecânicos, incluindo fotocópia, gravação ou qualquer sistema de armazenamento e recuperação de informações, sem permissão por escrito do editor.

Grafia conforme o novo Acordo Ortográfico da Língua Portuguesa.

1ª edição, 2ª reimpressão 2022.

Editores: Jair Lot Vieira e Maíra Lot Vieira Micales
Coordenação editorial: Fernanda Godoy Tarcinalli
Tradução: Martha Argel
Preparação: Lygia Roncel
Revisão: Fernanda Godoy Tarcinalli
Adaptação de projeto gráfico e capa: Karine Moreto de Almeida

---

Dados Internacionais de Catalogação na Publicação (CIP)
(Câmara Brasileira do Livro, SP, Brasil)

Frazier, Karen
 O livro dos cristais : guia prático sobre o poder energético e terapêutico dos cristais / Karen Frazier ; [tradução Martha Argel]. – São Paulo : Mantra, 2020.

 Título original: Crystals for beginners: the guide to get started with the healing power of crystals.
 Bibliografia
 ISBN 978-85-68871-17-1 (impresso)
 ISBN 978-85-68871-25-6 (e-pub)

 1. Cristais 2. Cristais - Uso terapêutico 3. Cura 4. Esoterismo I. Título.

20-33446 CDD-133.2548

Índice para catálogo sistemático:
1. Cristais : Uso terapêutico : Esoterismo : 133.2548

Maria Alice Ferreira – Bibliotecária – CRB-8/7964

mantra.
São Paulo: (11) 3107-7050 • Bauru: (14) 3234-4121
www.mantra.art.br • edipro@edipro.com.br
@editoramantra

SUMÁRIO

Introdução   11

PARTE 1
UMA INTRODUÇÃO AOS CRISTAIS E À CURA PELOS CRISTAIS

CAPÍTULO 1   O poder dos cristais   16

CAPÍTULO 2   Como começar uma coleção de cristais   28

CAPÍTULO 3   O uso dos cristais para a cura   42

CAPÍTULO 4   Como maximizar o poder dos cristais   52

PARTE 2
APROFUNDE SEUS CONHECIMENTOS SOBRE OS CRISTAIS

CAPÍTULO 5   Dez cristais para todos   64

- Ametista 66
- Citrino 68
- Cornalina 70
- Fluorita 72
- Hematita 74
- Quartzo-enfumaçado 76
- Quartzo-rosa 78
- Quartzo-transparente 80
- Turmalina-negra 82
- Turquesa 84

CAPÍTULO 6   Quarenta cristais que você deve conhecer   86

- Ágata 88
- Água-marinha 89
- Amazonita 90
- Âmbar 91
- Ametrino 92
- Apatita 93
- Aventurina 94
- Calcedônia 95
- Calcita 96
- Cianita 97
- Damburita 98
- Epidoto 99
- Esmeralda 100
- Fuchsita 101
- Granada 102
- Howlita 103

Jade 104
Jaspe 105
Labradorita 106
Lágrimas-de-apache 107
Lápis-lazúli 108
Larimar 109
Magnetita 110
Malaquita 111
Moldavita 112
Obsidiana 113
Olho de tigre 114
Ônix 115

Opala 116
Pedra da lua 117
Peridoto 118
Rodocrosita 119
Rubi 120
Safira 121
Selenita 122
Sodalita 123
Tanzanita 124
Topázio 125
Turmalina 126
Zircão 127

PARTE 3
MELHORE SUA VIDA COM OS CRISTAIS

CAPÍTULO 7 Indicações de uso dos cristais 130

Abuso 132
Amor 134
Ansiedade 136
Arrependimento 138
Autoconfiança 140
Compaixão 142
Confiança 144
Coragem 146
Dependência 148
Determinação 150
Equilíbrio 152
Estresse 154
Felicidade 156

Gratidão 158
Inveja 160
Limites 162
Luto 164
Motivação 166
Negatividade 168
Paciência 170
Paz interior 172
Perdão 174
Prosperidade 176
Raiva 178
Rejeição 180

Identifique seu cristal: um guia de cores 183
Glossário 192
Recursos 194
Referências 196
Índice remissivo 198
Créditos adicionais 206

INTRODUÇÃO

Vivemos atualmente em um mundo que causa enorme estresse ao corpo, à mente e ao espírito. Praticamente tudo no dia a dia – dos alimentos que consumimos a nossa política, vida profissional e atividades – tira nossa vida do equilíbrio. E, no entanto, para darmos o melhor de nós, precisamos de equilíbrio.

Muitos anos atrás, eu tinha um emprego estressante em uma empresa que parecia não ter nenhum interesse pelos funcionários. Eu perdia horas no trânsito. Tinha um filho ativo e um marido com uma carreira ainda mais atribulada do que a minha. Com a correria frenética de nossas vidas, eu sacrificava coisas que sabia que "devia" estar fazendo: manter uma dieta nutritiva, praticar exercícios regularmente e dedicar-me a atividades que me permitissem diminuir o ritmo e buscar o equilíbrio.

Estava o tempo todo estressada e ocupada, e isso prejudicava todos os aspectos da minha vida. Minha saúde era ruim. Eu tinha dores crônicas. A relação com meu marido carecia da intimidade emocional que no passado havíamos compartilhado. Eu estava infeliz. Sentia-me profissional e pessoalmente aprisionada em uma existência hiperativa e sem alegrias.

Em um determinado sábado, tive um raro tempo livre, sem obrigação alguma. Decidi dar uma volta de carro e acabei chegando a uma enorme loja de cristais e contas para artesanato, situada a uns trinta minutos da minha casa. Fui atraída para a seção de pedras semipreciosas, onde comprei vários tipos de contas de pedras e outros materiais para fazer bijuterias, algo que nunca havia tentado antes.

Mais tarde, naquele mesmo dia, quando estava sentada à mesa enfiando contas de cristal em um fio, uma calma profunda me envolveu. Minha mente, em geral anuviada e agitada, parecia atenta e concentrada.

Conectei-me a partes de mim mesma que quase havia esquecido que existiam. Percebi um despertar de alegria. O trabalho com as pedras havia criado um estado meditativo de serena alegria que havia muito eu não sentia, e isso me intrigou.

Eu sempre havia me interessado por cristais – e tinha passado por uma profunda experiência de cura aos trinta e poucos anos –, mas eles haviam ficado relegados em minha vida. Fazia anos que não os utilizava. Trabalhar com as contas de pedras naquele sábado fez-me recordar das experiências positivas prévias que tivera com os cristais e lançou-me em um novo caminho.

Desde então venho colecionando cristais e trabalhando com eles. Tenho cristais por toda a casa, que uso em minhas práticas pessoais de cura e com as pessoas que me procuram em busca de cura energética. Eles são uma parte tão importante da minha vida que compartilho o que sei sobre eles em meu livro *Crystals for Healing*. Embora seja um guia detalhado sobre cristais, há alguns anos percebi que as pessoas que estão começando a trabalhar com cristais precisam de um guia introdutório prático. Esse é o motivo pelo qual escrevi este livro. Ele foi concebido para fornecer informações básicas e aplicações práticas, de modo que você possa experimentar as poderosas mudanças que esses belos elementos da Terra podem proporcionar.

PARTE 1

*Uma introdução
aos cristais
e à cura
pelos cristais*

CAPÍTULO 1

O PODER
dos CRISTAIS

Durante séculos, as civilizações têm valorizado os cristais por sua beleza como gemas preciosas e semipreciosas, bem como pelas energias vibracionais únicas contidas em cada cristal, que podem ajudar a curar corpo, mente e espírito. Sociedades ao longo da história, incluindo as antigas culturas da Mesopotâmia, do Egito, da China e da Grécia, faziam uso das propriedades terapêuticas dos cristais. Tal prática prosseguiu através das eras, embora tenha se atenuado durante o Renascimento, quando as pessoas acreditavam que as propriedades terapêuticas dos cristais provinham de anjos bons ou de anjos maus.

O uso dos cristais para a cura ressurgiu cerca de quarenta anos atrás, e continua ganhando popularidade como uma modalidade de cura energética. Em uma era científica moderna, porém, pode ser difícil entender como uma rocha pode propiciar algum tipo de cura. A resposta reside nas energias vibracionais encontradas no interior dos cristais e na forma como elas afetam os campos de energia ao seu redor, incluindo o campo energético humano.

O que são os cristais?

Os cristais são elementos naturais que vêm da Terra. Um cristal verdadeiro apresenta um agrupamento organizado de células unitárias que formam uma rede com padrão peculiar, o chamado sistema cristalino. Há seis tipos de rede que aparecem no interior dos cristais de cura (veja a próxima página). Existe também uma categoria de pedras conhecidas como cristais "amorfos", que na verdade não são cristais de fato, uma vez que não possuem uma estrutura interior cristalina. Nessa categoria incluem-se o âmbar, a obsidiana, a opala e os tectitos. Cada um deles tem suas propriedades exclusivas.

OS CRISTAIS E AS CORES

É absolutamente verdadeiro que a cor de um cristal pode afetar o quão atraente ele nos parece. Mas a cor também desempenha um papel no impacto energético e terapêutico dos cristais. Discutiremos detalhadamente o modo como isso ocorre mais adiante neste livro, porém há algumas informações básicas a saber sobre os cristais e suas cores. A cor de um cristal decorre de três aspectos:

- o modo como o cristal absorve a luz;
- as substâncias químicas/minerais específicas contidas no cristal;
- eventuais impurezas presentes no interior do cristal.

Minerais e impurezas interferem nos comprimentos de onda da luz que os cristais absorvem, e a cor aparece como resultado disso. Por exemplo, se um cristal absorve todos os comprimentos de onda, ele vai parecer preto. Se não absorve nenhum comprimento de onda luminosa, parecerá transparente. Diferentes impurezas e substâncias químicas/minerais afetam de modos diferentes a absorção de luz.

Tipos de redes cristalinas

Há seis tipos de rede que aparecem no interior dos cristais de cura:

CRISTAIS HEXAGONAIS têm estrutura interna que se assemelha a um hexágono tridimensional. Eles auxiliam na manifestação.

CRISTAIS ISOMÉTRICOS têm estrutura interna cúbica. Esses cristais podem melhorar situações e amplificar energias.

CRISTAIS MONOCLÍNICOS têm estrutura em paralelogramo tridimensional. São cristais protetores.

CRISTAIS ORTORRÔMBICOS têm padrão cristalino em forma de losango. Eles limpam, purificam e removem obstáculos.

CRISTAIS TETRAGONAIS têm estrutura interna retangular. Esses cristais têm ação de atração; eles tornam as coisas mais atraentes e ajudam-nos a atrair coisas para nós.

CRISTAIS TRICLÍNICOS têm estrutura interna com três eixos inclinados. Esses cristais afastam energias indesejadas ou ajudam a conservar as energias que desejamos manter.

CRISTAIS, GEMAS, MINERAIS OU ROCHAS?

Pode parecer que as pessoas usam os termos *cristal, gema, mineral* e *rocha* de forma intercambiável, pois isso é comum quando falamos de cristais. Na verdade, algumas substâncias que não são cristais, como o âmbar (que é uma resina vegetal petrificada), também são chamadas de cristais ou pedras. Contudo, se você está querendo saber quais são as diferenças técnicas, eis um rápido resumo:

CRISTAL: um mineral que tem uma estrutura interior cristalina. A ágata, que é um cristal hexagonal, também é um mineral e uma rocha.

GEMA: um cristal, mineral ou rocha lapidados e polidos. Um diamante lapidado (que é um mineral, um cristal e uma rocha) também é uma gema. O âmbar e as pérolas são substâncias orgânicas consideradas gemas, mas não são cristais, minerais ou rochas.

MINERAL: uma substância de ocorrência natural, com uma composição química específica e estrutura altamente ordenada, que pode ser cristalina ou não. A opala é um mineral que não tem estrutura cristalina; é uma gema e uma rocha, mas não é de fato um cristal.

ROCHA: uma combinação, ou agregado, de minerais. O mármore, que é formado por múltiplos minerais, é uma rocha metamórfica – uma rocha que foi submetida a calor e pressão ao longo do tempo.

Os cristais são encontrados ou fabricados?

À medida que os cristais e as gemas foram aumentando em popularidade, isso impulsionou a indústria de gemas criadas em laboratório. Estas, no geral, são usadas para joalheria e com frequência exibem tamanho, cor e clareza excepcionais. Em joias e acessórios, têm preço menor do que os cristais constituídos naturalmente.

Os cristais naturais são formados nas profundezas da Terra, no transcurso de centenas, milhares ou milhões de anos. Assim, muita gente acredita que eles possuem uma força energética natural inalterada. Os cristais de laboratório formam-se rapidamente, sem o benefício da energia da Terra. Isso não significa que não tenham sua própria energia.

Eles ainda têm a estrutura cristalina que retém energia. Há quem sinta que isso torna menos pura a energia. No entanto, o manuseio de qualquer cristal mudará sua energia, portanto é seguro dizer que toda a energia do cristal é alterada no instante em que este é manuseado. O conselho que dou é pegar na mão diversos cristais e sentir qual parece ter a energia de que você necessita no momento.

A eletricidade cristalina

Tudo tem energia. De fato, a física quântica mostra que, em seu aspecto mais básico, toda matéria é formada por cordas de eletricidade. Isso se aplica tanto ao corpo como aos cristais.

Os humanos são muito melhores como medidores de energia do que você imagina. Qualquer pessoa com pouco conhecimento sobre energia ou cura energética consegue notar que sua "vibração" não "bate" com a de outra pessoa. Quando isso acontece, você está sentindo a energia e percebendo que a vibração energética de alguém não é compatível com a sua própria energia.

RESSONÂNCIA

Você já esteve na presença de uma pessoa muito negativa e sentiu que seu humor se deteriorava pelo simples fato de estar perto dela? Da mesma forma, já esteve com uma pessoa altamente positiva e sentiu a melhora de seu humor? Isso é a ressonância, definida como a tendência de que um sistema vibracional afete outro, de modo que os dois entrem em sincronia.

Tome, por exemplo, seu ritmo circadiano. Também conhecido como "relógio biológico", seu ritmo circadiano põe você em ressonância com ciclos de luz e escuridão, para comunicar a seu corpo quando ele necessita dormir. Todos os mamíferos têm uma espécie de relógio mestre, localizado no hipotálamo (uma porção do cérebro); este responde a sinais energéticos que marcam a passagem do tempo para ajudar o corpo a saber quando despertar e dormir. Meus sinais marcadores do tempo são excelentes. Há anos não uso despertador para acordar porque, ao que parece, meu relógio biológico está bem alinhado com os sinais que recebe.

O EFEITO ELÉTRICO DOS CRISTAIS

Sou do tipo de pessoa que segue a máxima "não me conte, mostre-me", e que adora saber como e por que as coisas funcionam. Não é diferente no caso dos cristais. Uma das coisas que sempre me fascinaram enquanto eu aprendia sobre os cristais são seus efeitos elétricos, que compartilho aqui com você.

EFEITO PIEZOELÉTRICO

O *efeito piezoelétrico* ocorre no caso de cristais não condutores (alguns cristais são condutores, outros não) que geram uma carga elétrica quando submetidos a estresse mecânico. O quartzo é um cristal que exibe piezoeletricidade, o que o torna popular para uso em dispositivos como rádios, relógios e outros circuitos integrados digitais.

EFEITO PIROELÉTRICO

Cristais piroelétricos, como a turmalina, geram uma corrente elétrica quando aquecidos ou resfriados, de acordo com o *site* ScienceDaily.com. A publicação científica *Journal of Physics* observa que existem muitas aplicações para a piroeletricidade, por exemplo a conversão de energia e a detecção infravermelha, entre outros.

SENTINDO A VIBRAÇÃO

Como acontece com toda matéria, os cristais têm sua vibração própria. O corpo humano também tem sua própria vibração e está sujeito à ressonância quando entra em contato com outras vibrações. Assim, quando você trabalha com cristais, eles podem alterar as energias de seu próprio corpo, mente e espírito por meio da ressonância; a vibração do cristal também pode mudar um pouco. Como os cristais geralmente têm vibrações mais altas que o corpo humano, eles tendem a aumentar a vibração desse último. Vibrar numa frequência mais elevada é útil para os humanos, porque nos permite avançar espiritualmente e nos mover em direções mais positivas, em termos mentais, físicos e emocionais.

Os cristais na tecnologia

Os cristais de quartzo têm sido usados na tecnologia desde fins do século 19, quando o efeito piezoelétrico foi demonstrado com os cristais. Usado na criação de osciladores que vibram com frequência muito precisa, o quartzo tem muitas aplicações para dispositivos tecnológicos que requerem precisão. Dispositivos que utilizam quartzo incluem sonares, relógios, equipamentos de radioamadorismo e muitos outros.

RÁDIOS MILITARES: na Segunda Guerra Mundial, os militares usavam osciladores de quartzo para controlar a frequência de rádios bidirecionais (que tanto transmitem quanto recebem), de acordo com um artigo do jornal científico *IEEE Transactions on Ultrasonics, Ferroelectrics and Frequency Control* [Publicações sobre Ultrassom, Ferroelétrica e Controle de Frequência]. Os osciladores tinham altíssima precisão, mas sua produção em massa era difícil.

ELETRÔNICOS DE CONSUMO: de acordo com a Base de Dados de Recursos Minerais da Minerals Education Coalition [Coalizão para a Educação sobre Minerais], a indústria utiliza quartzo manufaturado de grau eletrônico em circuitos de computadores, celulares e equipamentos similares. A CNET* relata que até mesmo o quartzo em sua forma natural e outros cristais piezoelétricos foram usados em forma bruta para a construção de um computador rudimentar experimental, que transmitiu ou recebeu sinais como sons ou luz randomizados.

RELÓGIOS: devido a sua precisão, os osciladores de quartzo são utilizados em relógios, que exigem marcação do tempo precisa. De acordo com a The Watch Company, um único pedaço minúsculo de quartzo é utilizado, mas ele oscila de forma tão exata que tem um grau de atraso de poucos segundos por ano.

*. Empresa de mídia dos Estados Unidos. (N.E.)

Como uma pessoa pode sentir a energia de um cristal?

Você já deve ter ouvido falar de místicos, médiuns psíquicos, agentes de cura energética e metafísicos que dedicam horas à comunicação com espíritos, meditação e outras práticas, e que estão em completa sintonia com a energia que os rodeia. Não estou sugerindo que você se torne essa pessoa. Em vez disso, meu intuito é proporcionar conselhos práticos para que a pessoa comum vivencie mudanças na energia por meio do trabalho com os cristais. Como interagir de modo significativo com uma pedra?

ESTEJA ABERTO À EXPERIÊNCIA. Compreendo quem tem uma mente cética. Fiquei completamente atordoada na primeira vez que notei uma mudança como resultado direto do uso de um cristal. Eu não acreditava em nada daquilo. E mais: se alguém tivesse me dito, naquele dia em que saí de casa para me consultar com uma médica/curandeira energética, que ela usaria um cristal para me ajudar a curar uma dor de garganta persistente, é provável que eu nem tivesse ido. Isso teria sido de fato muito triste.

DEIXE DE LADO QUALQUER IDEIA PRECONCEBIDA. Em vez disso, encare a experiência com uma postura de curiosidade, sem contar a si mesmo qualquer história sobre como aquilo vai funcionar ou não.

DEIXE DE LADO QUALQUER EXPECTATIVA DE RESULTADO. Tenho notado que alimentar expectativas limita a experiência que terei. Deste modo, tento não ter expectativas quando encaro uma nova experiência, pois o universo pode estar me reservando planos muito maiores do que eu jamais poderia imaginar. Em vez de criar a expectativa de determinado resultado, permita-se estar presente no momento enquanto trabalha com um cristal, e observe aonde este o leva.

COMECE COM UM CRISTAL PELO QUAL SINTA FORTE ATRAÇÃO. Encontre um cristal que o atraia, para que esse seja o primeiro com o qual vai trabalhar. Se for algum dos cristais que recomendo mais adiante, ótimo. Se não for, também está tudo bem. Se encontrar um cristal que realmente o atrai, use-o para o seu trabalho de cura. É bem provável que haja algum motivo para que ele chame sua atenção.

Cada pessoa tem uma experiência única com os cristais. Posso até compartilhar minhas experiências, mas no fim das contas o que importa são as suas. Assim, incentivo você a tentar e a permitir-se estar aberto a qualquer sensação que possa perceber. Pegue um cristal na mão. Permaneça no momento e observe o que acontece. Preste atenção ao que pensa, percebe e sente. Permita-se. Deixe sua experiência convencer você.

Do sentimento à mudança

Qual será sua experiência ao segurar um cristal? Vai depender de você e do cristal. Observe e fique atento ao que sente. Preste atenção às emoções ou pensamentos que surgem, sensações físicas e qualquer outra coisa. Não tente mudar ou bloquear nada. Apenas permita que seja.

Quando você segura um cristal, mantendo a mente aberta, e percebe o que surge, sem bloqueios, nota o prenúncio da mudança, uma alteração na vibração. Pode ser algo sutil ou um verdadeiro terremoto. Apenas perceba e permita. Essas sensações simples darão início à mudança.

Mitos sobre os cristais

Trabalho muito com alunos e cristais, e ouço frequentemente certos mitos que gostaria de desfazer aqui.

MITO 1: É TUDO COISA DA MINHA CABEÇA. O trabalho com cristais tem como objetivo tirar você de dentro de sua cabeça e permitir que esteja presente nas sensações. Os cristais não exigem que você racionalize ou explique: eles lhe fornecem a oportunidade de experimentar. Se você tem a preocupação de que tudo seja coisa de sua cabeça, pare de pensar e viva as sensações que o cristal proporciona. Você pode racionalizar mais tarde.

MITO 2: SE OS CRISTAIS PODEM AJUDAR, PODEM TAMBÉM PREJUDICAR. Os cristais vibram com uma energia que pode entrar em ressonância com a sua própria energia. Intenção e disposição mental desempenham um importante papel neste processo. Se sua expectativa é que os cristais lhe causem mal, pode ser o que acabe acontecendo, mas isso é verdadeiro para qualquer coisa. Suas crenças sempre desempenham um papel em seus resultados e experiências, não importa se você use cristais ou tome um placebo ou um medicamento. Em geral, se seu interesse pelos cristais decorre da intenção de uma mudança de vibração, visando seu bem maior, é altamente improvável que venha a sofrer qualquer tipo de dano.

MITO 3: TENHO QUE SER ESPIRITUALIZADO OU ESOTÉRICO PARA USAR CRISTAIS. Meu marido é a pessoa menos esotérica que conheço, mas ele usa cristais em volta do pescoço porque sentiu mudanças significativas quando trabalhou com eles – algo que o deixou chocado. Para usar cristais, você não precisa ser esotérico, espiritualizado ou pertencer a qualquer religião específica, e eles tampouco vão contra qualquer religião ou espiritualidade. Tudo o que você necessita é uma mente aberta e o desejo sincero de experimentar a mudança que visa seu bem maior.

MITO 4: NÃO PRECISO LIMPAR MEUS CRISTAIS. Uma vez que os cristais tendem a absorver energia, é importante limpá-los para eliminar qualquer energia indesejada. Explicarei mais sobre a limpeza no capítulo 3.

MITO 5: CRISTAIS CAROS SÃO MAIS POTENTES. O quartzo é um dos cristais mais comuns e baratos, e também é um dos mais poderosos. O valor que você paga por um cristal não tem nada a ver com sua eficiência. O que importa é o modo como o cristal afeta sua energia, e um dos cristais mais baratos pode ser exatamente o que você precisa.

O erro do principiante

Se você for como eu, ao tentar algo novo pela primeira vez, vai querer saber tudo sobre o assunto antes. Você poderia passar muitos meses mergulhado em informações sobre os cristais, aprendendo o máximo possível, mas até que tente trabalhar com eles, tudo o que vai ter é a informação intelectual. Terá aprendido muita coisa, mas não terá vivenciado o poder dos cristais.

Por favor, informe-se quando a curiosidade surgir, mas não o faça em detrimento da experimentação. Pegue qualquer cristal. Encontre um que o atraia. Coloque-o no bolso. Use-o. Pegue-o na mão. E então continue a ler.

Um cristal em sua mão, uma rocha na mão de outra pessoa

Nem todo mundo reage da mesma forma a um cristal. Por exemplo, meu marido e eu fomos a uma de minhas lojas favoritas de pedras em Portland. Enquanto conversávamos com o gerente, ele trouxe uma bandeja de fenaquita, que é um cristal de vibração muito alta. Eu nunca havia visto fenaquita antes e, quando ele colocou a bandeja diante de mim (sem que eu sequer o tocasse), senti toda minha energia subir para a cabeça. Na falta de uma explicação melhor, me deu "um barato". Meu marido, por outro lado, não sentiu nada. Qual das experiências foi mais válida? Nenhuma, na verdade. Foram apenas diferentes.

Em minhas aulas, costumo fazer circular diversos cristais para que as pessoas peguem neles, e meus alunos relatam as sensações que experimentam. Algumas são parecidas, e outras são diferentes. Duas pessoas podem trabalhar exatamente com o mesmo cristal e ter resultados muito diferentes. A experiência que você tem com um cristal depende de suas próprias perspectivas, vibrações, necessidades e crenças. Tais fatores provavelmente serão diferentes para outra pessoa, então ela terá uma experiência distinta. Da mesma forma, você talvez tenha uma necessidade específica, que um determinado cristal equilibra, e um amigo seu pode ter uma outra necessidade, que o mesmo cristal também consegue equilibrar. Nenhum de vocês terá usado o cristal de forma correta ou incorreta; vocês apenas abordaram diferentes necessidades com o mesmo cristal.

CAPÍTULO
2

COMO COMEÇAR
uma COLEÇÃO
DE CRISTAIS

Tenho cristais por todos os lados: nos quartos, nos banheiros, no escritório e em meu estúdio terapêutico. Tenho lâmpadas de cristal, suportes de livros de cristal, porta copos de cristal e uma vasta gama de exemplares de cristal. Eu os reuni, um a um, ao longo dos anos. No entanto, colecionar cristais não significa que você precisa preencher cada cantinho de sua vida com eles. Dois cristais formam uma coleção se tiverem um significado para você. O objetivo é escolher cada um de forma consciente, guiado pelo que você aprender com este e outros livros, bem como por sua intuição.

Acredito que os cristais nos escolhem, da mesma forma como nós os escolhemos. Alguns podem vir até você temporariamente, para servir a alguma necessidade específica. Outros você talvez use e em seguida dê de presente, para que possam ajudar mais alguém. Você pode reunir alguns porque tem atração por sua beleza, e eles se tornam uma parte permanente de sua vida. São todas razões válidas para a escolha de cristais.

Faça um levantamento

Você já tem algum cristal? Caso não tenha, vá em frente e passe para a próxima seção. Se tiver, continue lendo.

SE VOCÊ SABE OS NOMES DOS CRISTAIS QUE POSSUI

O que você sabe sobre suas propriedades? Leia sobre os dez cristais do capítulo 5 e sobre os quarenta cristais do capítulo 6 para descobrir outras propriedades e usos práticos para seus cristais. Se os seus não estão citados neste livro, a seção de recursos, na página 194, pode direcioná-lo para fontes de informações úteis na internet.

À medida que você aumentar sua coleção, pense na possibilidade de adicionar os dez cristais "utilitários", se ainda não os tiver. Esses cristais são tão versáteis que acredito serem parte essencial de qualquer início de coleção. Veja a página 32 para mais informações sobre eles.

SE VOCÊ NÃO SABE OS NOMES DOS CRISTAIS QUE POSSUI

Embora você não precise saber os nomes de seus cristais para que tenham um efeito de cura, identificá-los ajuda você a visar usos específicos. Começando na página 183, há quadros mostrando os cristais organizados por cores, que podem ajudar você a identificar suas pedras. Comece por aí. Se não conseguir identificar seus cristais desse modo, veja a seção de recursos na página 194, a qual traz fontes *on-line* que podem ajudar na identificação.

Uma vez que tenha identificado seus cristais, verifique se entre eles falta algum dos dez cristais utilitários. Preencher as lacunas de seu acervo seria uma excelente maneira de começar sua coleção.

Onde comprar

Há muitos locais onde você pode comprar cristais – tanto em lojas físicas quanto *on-line*. Quando possível, prefiro comprar presencialmente os cristais, para poder pegá-los na mão e sentir sua energia, mas de vez em quando também compro pela internet.

LOJAS DE CRISTAIS/ESOTÉRICAS

Muitas cidades têm lojas que vendem cristais. Podem ser lojas de produtos esotéricos, religiosos ou naturais, ou lojas de suvenires. É possível que permitam manusear os cristais antes que você faça a compra.

EXPOSIÇÕES DE CRISTAIS, MINERAIS E GEMAS

Feiras itinerantes de minerais ou gemas podem ser ótimos lugares para a aquisição de cristais, e apresentam os melhores preços e qualidade. Você talvez tenha de pagar ingresso, ou elas funcionem em um dado local poucos dias, e por isso você vai precisar programar-se com antecedência. A maioria dos vendedores conhece bem o assunto, e permite o manuseio dos cristais antes da compra.

PELA INTERNET

Você também vai encontrar varejistas *on-line*, incluindo lojas dedicadas exclusivamente aos cristais, como a minha favorita, HealingCrystals.com (veja a seção de recursos na página 194) e grandes *sites* de vendas, leilões ou artesanato, como eBay, Etsy e Amazon. Verifique as avaliações dos clientes antes de fazer qualquer compra, e certifique-se de estar negociando com um vendedor confiável.

Cristais utilitários

Embora todos os cristais tenham propriedades terapêuticas únicas, alguns são mais poderosos e/ou versáteis que outros. No capítulo 5, vamos explorar estes 10 cristais com mais detalhes. De momento, pense neles como seu kit de cristais para principiantes – verdadeiros cristais utilitários que todo mundo deve ter:

1 **QUARTZO-TRANSPARENTE** Se você não sabe que cristal usar, comece com o quartzo transparente; ele trabalha com todo tipo de energia.

2 **QUARTZO-ENFUMAÇADO** Este é o cristal que mais uso, porque é uma pedra de manifestação, que converte a energia negativa em positiva.

3 **CITRINO** Promove a autoestima e a prosperidade.

Esses três cristais formam uma coleção poderosa, que vai ajudar você quando trabalhar com diversas questões energéticas. No entanto, para ter em sua coleção mais cristais versáteis, acrescente os seguintes:

4 **QUARTZO-ROSA** Auxilia todos os tipos de amor, incluindo amor incondicional e romântico.

5 **AMETISTA** Ajuda a entrar em sintonia com a intuição e a orientação de reinos superiores, e também com o poder dos sonhos.

6 **TURMALINA-NEGRA** É uma pedra de proteção e de aterramento energético, que mantém a negatividade à distância.

7 **FLUORITA ARCO-ÍRIS** Aprofunda a intuição, promove o amor e facilita uma clara comunicação.

8 **CORNALINA** Ajuda a estabelecer limites apropriados, a ter integridade e a ser criativo.

9 **HEMATITA** Proporciona proteção, aterramento e centramento, e pode também atrair energias que você gostaria de ter em sua vida.

10 **TURQUESA** Promove a sorte, a prosperidade e o poder pessoal.

Como começar uma coleção de cristais 33

Formatos dos cristais

Nas lojas de cristais, físicas e *on-line*, você vai encontrar duas categorias básicas de formatos/tipos de cristais: naturais (brutos) e polidos (rolados, lapidados ou entalhados). Muitas pessoas perguntam sobre a diferença de qualidade energética entre pedras naturais e pedras polidas. Em geral, as pedras naturais tendem a ter energia mais potente, mas isso não significa que são necessariamente "melhores". Em alguns casos, as pessoas precisam das energias mais sutis das pedras polidas.

PEDRAS BRUTAS

As pedras brutas ou naturais têm aparência muito similar à que tinham quando foram retiradas da Terra. Embora possam, em algum momento, ter sido quebradas em pedras menores, elas em geral mantêm sua forma natural sem qualquer intervenção humana. Nesta categoria, você pode encontrar os seguintes tipos:

LÂMINAS são pedras longas, achatadas, com áreas de clivagem irregulares, como na cianita. Elas funcionam bem como "pedras da preocupação", que são pedras achatadas, lisas, na superfície das quais você pode esfregar o polegar, e que ajudam a pessoa a acalmar-se em momentos de estresse.

AGLOMERADOS são grupos de cristais, como um aglomerado de quartzo ou ametista. Mostram-se bons para serem colocados em algum local para direcionar a energia.

GEODOS são rochas que apresentam cavidades abertas revestidas com cristais. Constituem ótimos cristais decorativos.

PONTAS são cristais com uma extremidade plana e a outra pontuda (monoterminados) ou duas extremidades pontudas (biterminados), como no quartzo-enfumaçado (monoterminados) ou nos diamantes Herkimer (biterminados). Elas direcionam a energia para a sua ponta.

CRISTAIS BRUTOS podem parecer simples rochas, sem qualquer formato reconhecível, como ocorre com a ágata. Dependendo do tamanho, você pode usá-los para praticamente qualquer tipo de trabalho de cura com cristais.

BASTÕES são pedaços longos e finos de pedra bruta cujo formato não foi feito intencionalmente. Um exemplo é a selenita. Funcionam bem como "pedras da preocupação".

PEDRAS POLIDAS E LAPIDADAS

Essas pedras são lisas e lustrosas. Algumas mantêm seu formato natural, com um acabamento reluzente, enquanto outras foram lapidadas ou entalhadas, em vários formatos. Veja a página 37.

Uma pedra, muitos nomes

Nos últimos anos, alguns vendedores passaram a dar nomes comerciais aos cristais, em certos casos chegando a registrar as marcas. De forma muito semelhante ao que ocorre com os medicamentos de marca e genéricos, para cada cristal de marca há uma versão "genérica" bem menos cara e que apresenta as mesmas propriedades.

Além do preço, não há diferença entre os cristais com nomes comerciais e seus similares sem marca. Normalmente, o motivo pelo qual o cristal tem uma marca é porque vem de uma área particular pertencente aos criadores da marca, mas a procedência tem pouca ou nenhuma influência nas propriedades do cristal.

- O jade amazônico (*amazon jade*) é a amazonita.
- O jaspe AquaTerra pode ser resina ou ônix.
- A pedra Atlantis é o larimar.
- A azeztulita é o quartzo-transparente e tem as mesmas propriedades.
- As pedras Boji também podem ser encontradas sem nome comercial como *Kansas pop rock* [rocha pop do Kansas] ou pedras de concreção.
- A healerita genérica é o crisólito.
- A calcita Isis é a forma comercial da calcita branca.
- Cristal de luz lemuriano é o nome comercial do quartzo-lemúria.
- A pedra mani é o jaspe preto e branco.

- A shamanita master é o mesmo que calcita-preta.
- A calcita merkabita é a calcita-branca.
- A pedra da revelação é o jaspe marrom ou vermelho.
- A azeztulita sauralita é o quartzo da Nova Zelândia.
- A zultanita é o mineral diásporo.
- Os *agape crystals* [cristais ágape] são uma combinação de sete cristais diferentes: quartzo-transparente, quartzo-enfumaçado, quartzo-rutilado, ametista, goethita, lepidocrocita e cacoxenita.

Encontrando seu cristal

Anteriormente mencionei os dez cristais utilitários, e também sugeri os que considero os três principais entre eles. Isso não significa que você precisa obrigatoriamente comprar esses cristais. Se está procurando por um cristal para algum uso específico, recomendo que dê uma olhada no capítulo 7 para ter ideias. No entanto, há outras formas pelas quais você pode encontrar cristais que irão funcionar para você.

ESCOLHA PELO SISTEMA CRISTALINO

Cada cristal é parte de um sistema cristalino diferente, com determinadas propriedades. Nos capítulos 5 e 6, você encontrará o sistema cristalino de cada um. Os sistemas cristalinos incluem:

- cristais hexagonais, que ajudam na manifestação;
- cristais isométricos, que melhoram situações e amplificam energias;
- cristais monoclínicos, que protegem e defendem;
- cristais ortorrômbicos, que limpam, purificam, desbloqueiam e liberam;
- cristais tetragonais, que atraem;
- cristais triclínicos, que contêm ou afastam energias; e
- "cristais" amorfos, que têm diferentes propriedades.

A geometria sagrada das pedras lapidadas

Você pode encontrar cristais lapidados de vários formatos diferentes, incluindo esferas e poliedros, com propriedades variadas. O trabalho com pedras lapidadas nesses formatos vai expressar tanto as propriedades do cristal quanto do formato sagrado.

DODECAEDRO O dodecaedro está associado com o elemento Éter, e promove a conexão com a intuição e os reinos superiores.

HEXAEDRO O hexaedro, ou cubo, representa o elemento Terra. Ele promove o aterramento energético e a estabilidade.

ICOSAEDRO O icosaedro está ligado ao elemento Água. Faz a conexão com a mudança e o fluxo.

MERKABA A merkaba é uma estrela tridimensional. Contém dentro de si todos os poliedros acima, e assim combina os efeitos de todos. Também está associada com a energia da sagrada verdade e com a sabedoria eterna.

OCTAEDRO O octaedro representa o elemento Ar, e promove compaixão, bondade, perdão e amor.

ESFERA A esfera tem a energia da completude, da inteireza e do uno.

TETRAEDRO Associado com o elemento Fogo, o tetraedro (pirâmide) promove o equilíbrio, a estabilidade e a capacidade de criar a mudança.

ESCOLHA PELA COR

A importância da cor vai além de preferências pessoais. Cada cor tem suas próprias energias vibracionais, com propriedades terapêuticas associadas. Discutiremos as várias propriedades das cores no capítulo seguinte. No entanto, quando você escolhe um cristal do sistema cristalino cujas propriedades são as que você deseja, e leva em conta também os princípios terapêuticos da cor, torna-se possível selecionar os cristais de modo bem específico para certas condições.

ESCOLHA PELO MODO COMO FAZEM VOCÊ SENTIR-SE

Escolho os cristais por intuição. Sempre que possível, eu os pego na mão e vejo como fazem me sentir. Noto se eles me deixam confortável ou desconfortável, se parecem leves ou pesados na mão, e qualquer outra sensação que surja. Se percebo que é uma sensação agradável, compro o cristal. Se não for, eu o deixo.

Isso não significa, porém, que você nunca mais deve tentar um determinado tipo de cristal se a primeira sensação que ele lhe causou foi desagradável. À medida que suas necessidades mudam, mudam também os cristais que ressoam com você. Preste atenção a qualquer atração que sinta por um cristal, independentemente da aparência dele. Se algum cristal o atrai, pode ter certeza de que é aquele cristal que está escolhendo você.

Combinando pares de cristais

Como o vinho e a comida, alguns cristais combinam entre si para tornar a dupla melhor do que a soma das partes. Cristais que formam boas duplas têm energias complementares, que podem de fato ajudar a focalizar a energia. Por exemplo, a energia de qualquer cristal é amplificada quando ele é combinado com o quartzo-transparente. Eis aqui outras combinações que funcionam bem:

QUARTZO-ENFUMAÇADO + LÁGRIMAS-DE-APACHE (um tipo de obsidiana) é uma combinação poderosa para pessoas de luto. As lágrimas-de-apache ajudam a processar o luto, enquanto o quartzo-enfumaçado transmuta a energia negativa em positiva.

AMETISTA + LABRADORITA pode ajudar a ter uma noite de sono mais repousante. A ametista é excelente para a insônia, enquanto a labradorita pacifica os pesadelos e proporciona bons sonhos.

CITRINO + TURMALINA-NEGRA pode ajudar com o aterramento na prosperidade. O citrino é uma pedra de prosperidade, enquanto a turmalina-negra promove o aterramento e também bloqueia a energia negativa, o que pode ajudar a remover pensamentos que impedem a prosperidade.

QUARTZO-ROSA + RUBI OU GRANADA é uma combinação excelente para relacionamentos. O quartzo-rosa promove qualquer tipo de amor, da mesma forma que o rubi e a granada; no entanto, estes dois últimos também são pedras de aterramento, de modo que podem manter você aterrado enquanto vivencia o amor, impedindo você de perder-se nesse sentimento.

TURMALINA-NEGRA + QUARTZO-TRANSPARENTE equilibra as energias femininas e masculinas e pode ajudar a facilitar o livre fluxo de energias equilibradas.

A Caverna dos Cristais

Se está procurando pelos maiores cristais do planeta, vai encontrá-los na Cueva de los Cristales (Caverna dos Cristais), em Chihuahua, México. Essa caverna repleta de cristais gigantes abriga enormes cristais de selenita (gipsita) e foi descoberta em 2000, quando dois irmãos estavam realizando perfurações na mina de Naica, a 300 metros de profundidade.

A Caverna dos Cristais abriga enormes cristais luminescentes que se erguem do chão ao teto na caverna principal. Essa caverna única tem cristais de 10 metros de comprimento, sendo que o maior mede 12 metros de comprimento por 4 metros de diâmetro, com um peso de cerca de 55 toneladas. Os cristais cresceram a ponto de se tornarem os maiores do mundo graças à combinação de calor e umidade. A temperatura do ar chega aos 58°C, com uma umidade relativa de 99%.

Sete dicas para comprar cristais

Para mim, comprar cristais é uma atividade-fim. Eu planejo uma saída de um dia inteiro para isso, e amo explorar as lojas e encontrar cristais que me atraem. Eis aqui minhas dicas principais para a compra de cristais pessoalmente:

- **Faça um aterramento energético prévio.** Muitas pessoas podem ficar desorientadas pela energia em lojas de cristais. Antes de entrar em uma dessas lojas, feche os olhos e visualize raízes crescendo a partir de seus pés e penetrando na Terra. Caso sinta uma certa vertigem enquanto estiver na loja, pegue uma pedra preta e segure-a até que a sensação desapareça.

2 **Faça perguntas.** Caso vá a uma exposição ou feira de gemas, ou a alguma loja especializada em pedras e cristais, é possível que haja especialistas à disposição para ajudar você a encontrar o cristal certo. A maioria deles gosta quando você faz perguntas, e é uma ótima forma de adquirir conhecimento. Explore esse valioso recurso.

3 **Vá para onde sentir atração.** Preste atenção, e caso se sinta impelido para uma determinada área dentro da loja, vá até lá. Então veja qual cristal o atrai. É um ótimo jeito de usar o processo intuitivo em suas compras de cristais.

4 **Toque os cristais.** Quando estiver comprando em lojas físicas, sempre segure os cristais antes de comprá-los, para ver como eles o fazem se sentir. Se a loja não permite que você toque ou pegue os cristais, procure outro local para fazer suas compras.

5 **Verifique a reputação do vendedor.** Pesquise um pouco antes de comprar. Para lojas físicas, verifique *sites* na internet com avaliações de consumidores sobre a loja ou peça opiniões.

6 **Não compre a primeira pedra que encontrar.** Quando rodeado por objetos brilhantes, é fácil ficar meio atordoado ou empolgado com a quantidade, e pegar a primeira coisa bonita e faiscante que chama sua atenção. Sei como é isso. Mas explore. Isto é especialmente válido em feiras de gemas e minerais. Compare preços entre um vendedor e outro para achar a melhor oferta pelo cristal que mais o atrai.

7 **Não se deixe enganar por marcas registradas de cristais.** Se não consegue reconhecer o nome de um cristal, pergunte ao vendedor se é um nome comercial. Se for, procure a versão genérica. Pesquise na internet, pelo seu celular, para conseguir mais informações sobre o cristal no qual está interessado. Você também pode usar um aplicativo de celular para saber se um dado nome é uma marca registrada e se existe uma versão genérica mais barata (procure "Cristais de cura" em uma *app store*).

Como começar uma coleção de cristais 41

CAPÍTULO
3

O USO DOS CRISTAIS
para a CURA

Você é mais do que um corpo. Você também é mente/emoções e tem um aspecto espiritual que algumas pessoas chamam de eu superior ou alma. A energia flui entre esses três aspectos que compõem você. Para ser saudável de fato em todos os sentidos, é essencial cuidar dos três aspectos. A saúde de corpo, mente e espírito surge a partir do perfeito equilíbrio do fluxo de energia de todas as três áreas. Para obter um equilíbrio energético, você precisa remover ou absorver energia onde ela é excessiva, aumentar a energia onde ela é insuficiente, remover bloqueios onde a energia não consegue fluir e, ainda, vibrar em uma frequência que esteja alinhada com a perfeita saúde de corpo, mente e espírito. Os cristais podem ajustar o fluxo energético de todos esses modos para ajudar a otimizar seu bem-estar.

O que os cristais podem curar

Assim, de que modo exatamente um cristal pode curar, e que tipo de cura ele pode realizar? Na verdade, os cristais não são a causa da cura. O que ocorre é que eles vibram com uma energia com a qual seu corpo entra em ressonância ou a qual ele absorve, e é você que realiza a cura com tal energia.

CORPO

Seu corpo é seu aspecto físico. Os cristais podem ajudar a equilibrar as energias corporais e provocar mudanças físicas. Estas podem incluir aspectos como alívio de dores de cabeça, de baixa energia e de exaustão, e outras aflições físicas similares. Já tive até mesmo uma dor de garganta persistente sendo curada por cristais. (Atenção: Nunca faça uso interno dos cristais, e não substitua os cuidados de um profissional de saúde qualificado pelo uso de cristais.)

MENTE

Sua mente é tanto física (cérebro e sistema nervoso) quanto não física (emoções, pensamentos, sonhos etc.). A vibração contida nos cristais pode ajudar a equilibrar as energias da mente para trazer a cura. Aspectos que podem ser aliviados incluem estresse, problemas emocionais, insônia, pesadelos, ansiedade, depressão, luto e falta de entusiasmo.

ESPÍRITO

O espírito é a parte de uma pessoa que é puramente não física. Os cristais podem ajudar no equilíbrio de energias espirituais como crenças, amor incondicional, perdão e compaixão. Podem também facilitar a comunicação com seu eu superior/alma ou com um poder superior.

Limpeza dos cristais

Assim como você pode entrar em ressonância com a energia de um cristal, um cristal pode entrar em ressonância com as energias ao redor dele. Portanto, sempre que alguém manipula um cristal, ou ele muda de lugar, ou mesmo enquanto apenas está no ambiente emocional de sua casa, as energias vibracionais do cristal podem se alterar ligeiramente. Para contrabalançar esse efeito, é importante proceder regularmente à limpeza dos cristais. Qualquer método funciona, embora eu prefira som ou sálvia por serem mais convenientes.

DEIXE-OS AO LUAR. O luar tem atuação de limpeza sobre os cristais. Coloque seus cristais no peitoril da janela ou ao ar livre durante a noite.

LIMPE-OS EM UMA CAMA DE QUARTZO. Se você tem um grande geodo de quartzo, coloque cristais menores dentro dele por um período de 12 a 24 horas.

USE SOM. Tenho várias tigelas sonoras, tanto de cristal quanto de bronze. Se você tiver alguma, faça-a soar e então segure os cristais dentro do campo sonoro.

DEFUME COM SÁLVIA. Acenda um bastão de sálvia e deixe que a fumaça passe por cima dos cristais. Este é um modo excelente de limpar muitos cristais de uma vez, e uma de minhas formas preferidas de limpeza.

LIMPEZA COM SAL OU COM ÁGUA. Muita gente recomenda a limpeza de cristais com sal marinho, água ou água salgada. Eu não aconselho, porque água ou sal causam danos a certos cristais. Nunca limpe nenhum cristal bruto ou natural com água, sal ou água salgada. Outros cristais que jamais devem ser lavados deste modo incluem:

- Âmbar
- Calcita
- Cianita
- Malaquita
- Opala
- Pedra da lua
- Selenita
- Topázio

A programação de cristais

Quando se trabalha com a energia, a intenção desempenha um papel importante. Caso você deseje trabalhar com uma energia específica, pode programar com intenção os cristais que acabou de limpar, embora isso não seja necessário. A programação pode ser especialmente útil se você tiver poucos cristais. Por exemplo, o quartzo-transparente trabalha com praticamente qualquer energia, mas quando você o programa com a intenção, esse cristal torna-se ainda mais potente. Para programar um cristal:

MANTENHA-O NA MÃO EMISSORA (DOMINANTE). Feche os olhos e expresse sua intenção. Por exemplo, se o que pretende é prosperidade, repita a afirmação "Eu sou próspero" enquanto segura o cristal.

IMAGINE SUA INTENÇÃO TRANSFORMANDO-SE EM LUZ e descendo através de seu braço até sua mão, e então adentrando o cristal. Faça isso durante três a cinco minutos.

A manutenção dos cristais

A manutenção conserva os cristais em boa condição física e também protege seu melhor estado vibratório possível. Para manter seus cristais:

LIMPE-OS AO MENOS UMA VEZ POR MÊS. Recomendo limpá-los a cada lua cheia, e a rotina pode ajudar você a lembrar de fazê-lo. Limpe-os também depois de uso intenso e ao trazê-los pela primeira vez para sua casa.

GUARDE-OS COM CUIDADO. Acondicioná-los embalados um a um pode evitar que sejam danificados e mantém suas energias vibracionais.

SE VOCÊ DEIXA SEUS CRISTAIS EXPOSTOS, TIRE O PÓ COM UM PANO MACIO. Um pano de microfibra ou de algodão serve bem a essa finalidade, ou você pode usar um espanador. Evite qualquer tecido que seja abrasivo demais.

A escolha de um cristal para usar

Se sua coleção de cristais cresceu, como saber qual usar? Há vários modos de escolher.

PERGUNTE "DE QUE CRISTAL NECESSITO?" E FIQUE ATENTO À RESPOSTA. Este é meu método preferido, porque às vezes o que eu acho que precisa ser curado não é de fato o que necessita de cura. Perguntando, todas as noções preconcebidas são removidas.

PESQUISE SOBRE PROPRIEDADES E CONDIÇÕES DOS CRISTAIS NESTE LIVRO OU NA INTERNET. Escolha o cristal com base na cor e no sistema cristalino. Use todo o seu conhecimento para guiá-lo até o cristal que é o correto naquele momento.

USE O TESTE MUSCULAR. Coloque o cristal em algum lugar sobre seu corpo. Então, com a mão emissora (dominante), estique o dedo indicador e pressione para baixo com o dedo médio da *mesma* mão enquanto o dedo indicador resiste. Se você se mantém firme, você não precisa do cristal nesse momento. Se não consegue resistir, é com esse cristal que deve trabalhar.

USE O INSTINTO. Escolha o cristal que o chama.

Dicas práticas para o uso de cristais

Você pode usar os cristais de muitas formas. Um método comum é pegar o cristal na mão ou colocá-lo sobre seu corpo e meditar, mas existem outros. Claro, há dicas nas seções deste livro dedicadas a cristais específicos e às condições em que podem ser utilizados, para que você saiba como usá-los, mas as dicas apresentadas a seguir oferecem sugestões práticas adicionais para o uso aplicado.

/ Faça elixires de cristal. Coloque cristais limpos em uma tigela de água de nascente, e deixe-a ao sol por duas horas. Remova os cristais e tome a água, conforme o necessário. Não use nenhum dos cristais listados na seção sobre segurança com os cristais, na página 50, e assegure-se de que os cristais que usa estão livres de sujeira, terra ou poeira.

2   Prenda um pedaço de fluorita com fita adesiva por baixo da cadeira que usa ao trabalhar, para ajudá-lo a manter-se concentrado.

3   Nos dias em que precisa de mais criatividade, coloque uma cornalina no bolso da calça ou use-a em uma pulseira.

4   Vai sair em um primeiro encontro, fazer um pedido de casamento ou ter qualquer atividade romântica que você deseja que corra bem? Use quartzo-rosa como pingente em uma corrente longa, de modo que o cristal fique sobre o centro do coração.

5   Coloque cristais resistentes à água na água do banho. Remova-os antes de esvaziar a banheira.

6   Está se sentindo negativo ou precisa de uma injeção de energia? Âmbar é o cristal perfeito para aumentar tanto a felicidade quanto a energia. Use-o junto à pele, em especial em uma pulseira ou anel.

7   Espalhe cristais de energia positiva, como quartzo-enfumaçado, ou cristais que absorvem energia negativa, por exemplo a turmalina-negra, em volta dos limites de sua propriedade ou casa para manter afastada a negatividade. Pode usar lascas e contas de cristais baratos para essa finalidade.

As mudanças que você pode esperar

Quando fazemos um trabalho energético, a energia sempre procura alinhar-se com nosso bem maior. Às vezes, a mudança que você acha que necessita não é a que lhe trará o melhor. Deixe de lado qualquer expectativa quanto ao resultado e permita que aflore o que realmente lhe ajudará. Quando estabelecemos expectativas e nos mantemos presos a elas, limitamos os resultados, pois o que imaginamos, em geral, é menor do que aquilo que o universo provê. E, por vezes, aquilo que nos traz o bem maior não tem a mesma aparência que idealizamos que teria.

Estabelecendo uma intenção

Nos trabalhos de cura energética que faço, com frequência digo: "A intenção é tudo". Sua mente é um poderoso condutor de sua realidade. Pensamentos, palavras e ações afetam o que você é capaz de manifestar, e esse processo sempre começa com a intenção.

Estabelecer uma intenção é um aspecto poderoso do trabalho terapêutico com cristais. O uso de cristais para curar questões específicas é, na verdade, uma intenção não expressa em palavras de promover a cura para algum aspecto seu. Definir a intenção e dar voz a ela torna-a mais poderosa.

Criar a intenção é fácil. Decida o que você deseja experimentar ou o que você deseja ser, e então faça uma declaração de intenção, como se você já tivesse obtido isso. Usando novamente o exemplo da prosperidade, afirme "Eu sou próspero", em vez de "Quero ser próspero". A combinação de "Eu" mais a palavra seguinte é uma poderosa expressão de intenção. Assim, ao dizer "Eu sou próspero", você cria a experiência de ser, não simplesmente de desejar. Depois de expressar sua intenção em voz alta ou por meio da escrita, conclua com gratidão.

Tanto quanto seja possível, remova as palavras "deveria" e "poderia" de seu vocabulário, e aceite o que a energia lhe traz. Às vezes as mudanças são sutis e ocorrem com o passar do tempo. Às vezes são espetaculares e imediatas. Às vezes elas fazem um rebuliço para remover coisas que não são mais úteis para você, antes que ocorra aquilo que lhe trará o maior bem. Tudo isso é normal quando trabalhando com cristais. Estabeleça sua intenção, faça o trabalho, remova o julgamento e a expectativa, e permita o que vier. A energia, no fim, sempre vai agir visando o seu bem maior.

Como guardar os cristais

Já mencionei que tenho cristais pela casa toda. Várias peças grandes ficam em exibição, colocadas com segurança em estantes bem firmes. Também mantenho alguns cristais pequenos e mais robustos em tigelas. Os cristais mais delicados, porém, ficam guardados de forma cuidadosa. Uma caixa de plástico com divisões, como aquelas feitas para guardar contas, é excelente para guardar os cristais menores. Se vai guardá-los em uma caixa sem compartimentos, envolva cada cristal com lenços de papel ou com tecido, e guarde a caixa em lugar seco. Alguns cristais desbotam quando expostos à luz do sol, de modo que é preferível guardá-los longe da luz; se preferir deixá-los à vista, deixe-os longe de janelas ensolaradas. Tais cristais incluem:

- Água-marinha
- Ametista
- Aventurina
- Citrino
- Fluorita
- Quartzo (qualquer cor)
- Safira

Segurança com os cristais

Em geral, trabalhar com cristais é relativamente seguro. No entanto, alguns cristais contêm substâncias que são tóxicas para os seres humanos (como alumínio, cobre, enxofre, flúor, estrôncio ou amianto); portanto, não os coloque na banheira nem os use para fazer elixir. Também é melhor lavar as mãos depois de segurá-los. Esses cristais incluem:

- Água-marinha (contém alumínio)
- Celestita (contém estrôncio)
- Cinábrio (contém mercúrio)
- Dioptásio (contém cobre)
- Enxofre (venenoso)
- Esmeralda (contém alumínio)
- Espinélio (contém alumínio)
- Fluorita (contém flúor)
- Granada (contém alumínio)
- Iolita (contém alumínio)
- Jade (pode conter amianto)
- *Kansas pop rocks* [rochas pop do Kansas] (contém alumínio)
- Labradorita (contém alumínio)

- Lápis-lazúli (contém pirita, que contém enxofre)
- Malaquita (contém cobre)
- Moldavita (contém alumínio)
- Olho de tigre, não polido (contém amianto)
- Pedra da lua (contém alumínio)
- Prehnita (contém alumínio)
- Rubi (contém alumínio)
- Safira (contém alumínio)
- Sodalita (contém alumínio)
- Sugilita (contém alumínio)
- Tanzanita (contém alumínio)
- Topázio (contém alumínio)
- Turmalina (contém alumínio)
- Turmalina-negra (contém alumínio)
- Turquesa (contém alumínio)
- Zircão (contém zircônio)

Note que a maioria dos cristais listados anteriormente são tratados neste livro. Para os cristais que não estão na lista ou no livro, pesquise um pouco antes de consumir um elixir feito com eles, e lave as mãos após o manuseio, apenas por medida de segurança.

Usando as informações deste capítulo, será fácil você começar a trabalhar com os cristais que já possui. O próximo capítulo cobre alguns conceitos avançados do trabalho com cristais que você pode usar para aprofundar sua prática, caso o deseje. Embora não seja necessário aprender mais, isso pode lhe fornecer algumas ferramentas adicionais para seu trabalho.

CAPÍTULO 4

COMO MAXIMIZAR O PODER *dos* CRISTAIS

Os cristais são uma forma de cura energética, e por constituírem um exemplo tão concreto – algo que você pode de fato pegar na mão e usar – muita gente começa com os cristais e depois passa para outras modalidades. Foi com os cristais que comecei minha jornada de cura com energia.

Como praticante da cura energética, uso múltiplas modalidades junto com os cristais, incluindo trabalho com os chacras, práticas com cores e sons, meditação, mantras e outras. Você pode escolher qualquer uma delas para tentar, caso deseje. Apresento a informação seguinte como forma de incluir mais práticas em sua vida, mas é você quem deve decidir se alguma delas ressoa com você.

Se o que você aprendeu sobre os cristais desperta seu interesse ou o deixa entusiasmado, há vários modos de aprofundar sua compreensão e a prática da cura energética. Usar um único cristal é algo poderoso. Usá-lo em conjunto com outros cristais ou com outras modalidades de cura energética pode prover mudanças energéticas ainda mais profundas em sua vida.

Grades de cristais

Quando você combina os cristais de forma proposital, com intenção e geometria sagrada, a energia deles torna-se ainda mais potente e concentrada. É isso o que você está fazendo quando cria uma grade de cristais. A grade de cristais é simplesmente um arranjo feito com vários cristais, com a intenção de criar uma energia poderosa focalizada em uma intenção específica.

As grades podem ser simples ou extremamente complexas. Para usar uma grade, você deve criá-la em qualquer lugar onde será benéfica, por exemplo, embaixo de sua cama ou de sua mesa de trabalho. Vamos dar uma olhada em alguns formatos básicos de grade, e então discutiremos duas grades simples que você pode produzir.

FORMATOS DE GRADE

Você pode criar suas grades com qualquer formato, mas o uso de figuras básicas da geometria sagrada pode amplificar o poder.

- Espirais: representam o caminho para a consciência.
- Círculos: são uma representação do uno e da unidade.
- *Vesica piscis* (veja a figura): representa a criação.

- Quadrados: representam os elementos da Terra.
- Triângulos: representam a conexão entre corpo, mente e espírito.

ARRANJOS DE GRADE

Os arranjos de grade usam os seguintes elementos:

- A pedra focal fica no centro da grade. Esta é a energia primária que você está tentando alcançar.

- As pedras circundantes amplificam a energia, permitindo que ela se mova para fora do foco.

- As pedras externas (opcionais) podem tanto servir como uma fonte de intenção para a energia primária, quanto servir como pedras perimetrais, que mantêm a energia no interior da grade.

GRADE UM: PERDÃO
Configuração: Espiral
Pedra focal: Selenita (qualquer formato)
Pedras perimetrais (amplificação): Pontas de quartzo-transparente

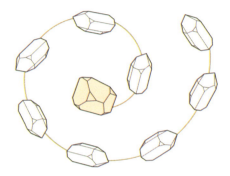

GRADE DOIS: CRIATIVIDADE
Configuração: *Vesica piscis*
Pedra focal (centro): Citrino (qualquer formato)
Pedras perimetrais: Ametista (qualquer formato)

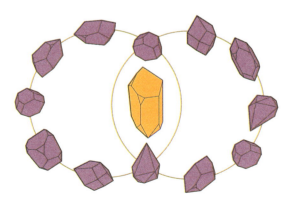

Chacras e cores

Os chacras são centros de energia que conectam a sua expressão física à não física. Em outras palavras, eles conectam o seu corpo com a energia da sua mente e do seu espírito. Os sete chacras principais situam-se ao longo da coluna vertebral. Cada um deles expressa uma cor que corresponde a diversas energias. Desequilíbrios nos chacras podem corresponder a problemas físicos, emocionais, mentais ou espirituais. Para ajudar no equilíbrio de energias, você pode trabalhar com os cristais, colocando cristais de cores semelhantes sobre os chacras correspondentes.

RAIZ Situado na base da espinha, o primeiro chacra, ou chacra da raiz, vibra com a cor vermelha. É o centro da família e da identidade tribal (comunidade), relacionando-se com questões de segurança e proteção, bem como a problemas de pernas e pés.

SACRO O segundo chacra, que vibra com a cor laranja, localiza-se no umbigo. É a fonte de prosperidade, poder pessoal e criatividade. Problemas digestivos, da região lombar, abdominais e de órgãos sexuais com frequência relacionam-se a este chacra.

PLEXO SOLAR O terceiro chacra vibra com a cor amarela. Localizado logo abaixo do esterno, está relacionado à autoestima e com limites. Os problemas físicos relativos a ele, frequentemente, envolvem a porção inferior da região torácica da coluna, o pâncreas e o sistema urinário.

CORAÇÃO O quarto chacra está localizado no centro do peito e vibra com a cor verde. Está relacionado com compaixão, bondade, amor incondicional e perdão. Problemas físicos podem incluir costelas, pulmões e coração.

GARGANTA O quinto chacra vibra com a cor azul e está localizado acima do pomo de Adão. Está relacionado com a expressão de sua verdade e a submissão da vontade pessoal à orientação Divina. Problemas físicos incluem tireoide, garganta e boca.

TERCEIRO OLHO Situado no centro da testa, o sexto chacra vibra na cor índigo e corresponde à intuição e ao intelecto. Problemas físicos incluem olhos, ouvidos, cabeça e cérebro.

COROA Localizado no alto da cabeça, o sétimo chacra vibra com a cor branca e corresponde ao eu mais elevado e à Divindade. Problemas sistêmicos e musculoesqueléticos estão relacionados com o chacra da coroa.

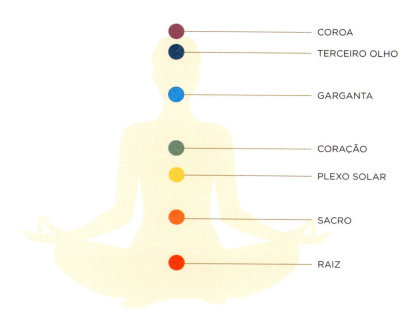

CORRESPONDÊNCIA DE CORES

Como foi dito, você verá que certas questões têm correspondência com os chacras, e que cada chacra tem uma cor diferente. Outras energias também estão associadas às cores, de modo que a escolha de cristais de tais cores pode ajudar a enfrentar problemas específicos. As tabelas das duas páginas seguintes apresentam a correspondência básica das cores com aspectos físicos, mentais, emocionais e espirituais.

AMARELO / DOURADO

AUTOVALORIZAÇÃO • AUTOESTIMA • AMOR-PRÓPRIO
AUTOIDENTIDADE • RIQUEZA ESPIRITUAL • BAÇO • VESÍCULA

AZUL

VERDADE • SABEDORIA • LEALDADE • AUDIÇÃO
GARGANTA • TIREOIDE • PROBLEMAS DENTÁRIOS
AUTOEXPRESSÃO • SUBMISSÃO À VONTADE DIVINA

BRANCO / TRANSPARENTE

RECOMEÇOS • DIVINDADE • PUREZA • PAZ
CONEXÃO COM REINOS SUPERIORES

LARANJA / PÊSSEGO

QUESTÕES FAMILIARES • INTEGRIDADE PESSOAL
ADAPTAÇÃO SOCIAL • ANSIEDADE SOCIAL • SEXUALIDADE
AUTOIDENTIFICAÇÃO • EGO • PROBLEMAS NA LOMBAR
PROBLEMAS COM OS ÓRGÃOS SEXUAIS

MARROM

EXPERIÊNCIA DE VIDA • TERRA • NATUREZA • ATERRAMENTO

PRETO / CINZA

PROTEÇÃO • ATERRAMENTO • SEGURANÇA

PROBLEMAS COM A COMUNIDADE
(RELACIONADOS COM A IDENTIDADE TRIBAL)

INCONSCIENTE • DESCONHECIDO • EU SOMBRA

ROSA

COMPAIXÃO • BONDADE • PERDÃO

AMOR INCONDICIONAL • AMOR ROMÂNTICO

VERDE

AMOR • CORAÇÃO • FINANÇAS • RIQUEZA • PERDÃO

COMPAIXÃO • BONDADE • PROBLEMAS PULMONARES

SAÚDE FÍSICA • MUDANÇA • CRESCIMENTO

VERMELHO

PAIXÃO • ATERRAMENTO • VITALIDADE E ENERGIA FÍSICAS

VIGOR • ESTABILIDADE

VIOLETA / ROXO

ESPIRITUALIDADE • DIVINDADE • INTUIÇÃO

CONEXÃO COM O EU SUPERIOR • INTELECTO • RAZÃO • CURA

LEALDADE • DEVOÇÃO • ENXAQUECAS E DORES DE CABEÇA

PROBLEMAS COM OS OLHOS

Meditação e mantras

A ideia de meditar pode intimidar muitas pessoas, pois parece muito difícil sentar-se imóvel e não pensar em nada. Eu costumava achar que a única forma de meditar era sentar-se no chão, na posição de lótus, recitando "om", e isso não me atraía nem um pouco. Embora esse seja um tipo de meditação, está longe de ser o único. Meditação é qualquer coisa que foque a mente no momento presente, e mantra é qualquer palavra ou frase que foque você em uma intenção ou afirmação.

Minha forma favorita é a meditação afirmativa, sentada de forma confortável, focada em um objeto e repetindo uma afirmação como mantra. Vocalizar a afirmação me permite focar a mente. Você também pode recitar qualquer outro mantra que tenha significado para você, como "paz", "alegria", "cura", "amor" ou qualquer outra coisa na qual queira focar. Ao fazer isso segurando um cristal ou olhando para ele (o que ajuda a focar ainda mais), você aumenta a força da energia e da intenção.

O foco pode ser difícil na meditação, desse modo, o uso de um mantra ou afirmação, assim como de um cristal, pode tornar a prática mais acessível e agradável. Recomendo meditar diariamente, começando com cinco minutos e aumentando aos poucos até chegar a 20 minutos ou mais, como lhe parecer mais apropriado.

Neste capítulo, tentei oferecer um vislumbre de várias práticas que você pode usar para aprofundar seu trabalho com os cristais. Cada um desses tópicos daria na verdade um livro (ou pelo menos um capítulo) por si só, e há muito o que explorar se você quiser, mas tais práticas não são requisitos para o trabalho com cristais. São atividades complementares, portanto sinta-se à vontade para usar ou dispensar as informações como quiser. Trabalhar apenas com cristais já é potente o bastante para ajudar você a começar a trazer mudanças positivas para a sua vida.

Vibração dos sons

Uma de minhas formas favoritas de cura energética para usar com os cristais é a cura pelo som. O som vibra em diversas frequências, assim como fazem as cores e os cristais, e as frequências têm correspondência com diferentes energias terapêuticas e chacras. Trabalhe com som fazendo soar uma tigela sonora (uma tigela de cristal ou de metal que soa quando você bate nela ou quando passa um bastão de madeira por sua borda), ouvindo frequências de Solfeggio (tons sagrados) *on-line* ou no celular, ouvindo qualquer tipo de música ou vocalizando notas e sons; todas essas técnicas aumentam o poder da intenção e amplificam a energia dos cristais. Você também pode usar o som para limpar cristais, como descrito na página 45.

Para trabalhar com sons você não precisa comprar tigelas sonoras. Uma rápida busca na internet mostra abundantes gravações de pessoas tocando tigelas sonoras para corresponder a diferentes chacras. Também listarei alguns recursos em termos de sons, na seção de recursos, na página 194, caso deseje explorar mais o tema.

Você também pode vocalizar diversos sons de vogais, por um ou dois minutos cada, durante a meditação, para afetar as vibrações de cada chacra:

RAIZ *Âhhhh* (som fechado)

SACRO *Uhhhh*

PLEXO SOLAR *Ôhhhh* (som fechado)

CORAÇÃO *Óhhhh* (som aberto)

GARGANTA *Ai*

TERCEIRO OLHO *Ei*

COROA *Ihhhh*

PARTE 2

Aprofunde seus conhecimentos sobre os cristais

CAPÍTULO 5

DEZ CRISTAIS
para TODOS

Embora minha lista de cristais favoritos mude à medida que mudam os problemas e as necessidades energéticas de minha vida, há certos cristais que sempre recomendo, especialmente para as pessoas que estão começando. Tenho todos esses cristais, e com frequência eu os compro em quantidade, para poder compartilhá-los. Isso deixa minha bolsa um pouco pesada, mas tenho prazer em partilhar o poder desses cristais básicos, de modo que outras pessoas possam se beneficiar.

São os cristais utilitários, que você pode usar em múltiplas situações. Todos são encontrados com relativa facilidade – a maioria das lojas de artigos esotéricos e de pedras mantém um grande estoque de todos eles, e os cristais são duráveis e baratos. Escolha qualquer forma do cristal que atrair você, no tamanho e formato que lhe agradar. O mais importante, neste caso, são as propriedades básicas dos cristais, e não tamanho, formato ou condição das pedras.

AMETISTA

A ametista é uma forma de quartzo. A cor mais comum é roxa, embora você possa também encontrar versões submetidas a tratamento térmico que são verdes (prasiolita) e amarelas (o assim chamado "citrino", veja a página 68). A palavra ametista vem do grego amethystos, que significa "não bêbado", remetendo ao uso tradicional da ametista como uma pedra que previne a embriaguez. Ela também traz segurança aos viajantes e está relacionada ao terceiro olho, que é a sede da intuição. Muitas pessoas usam essa pedra com outras finalidades, como transmutar a negatividade ou auxiliar em casos de insônia e com os sonhos, o que a torna valiosa por sua versatilidade.

ORIGEM: Alemanha, Brasil, Sri Lanka, Uruguai

REDE: Hexagonal

FORMATOS: Natural, pontas, aglomerados, geodos, rolada/polida, lapidada

ENERGIA: Amplifica

CORES: Violeta a roxo-escuro, amarelo (com tratamento térmico, "citrino"), verde (com tratamento térmico, prasiolita)

CHACRA: Terceiro olho, coroa

POSICIONAMENTO: Sobre o chacra do terceiro olho; sobre o alto da cabeça; junto a sua cama; sob o travesseiro

AJUDA COM: Intuição, insônia, segurança durante viagens, conexão com o eu superior e com o Divino, criatividade, manifestação, estresse e ansiedade, pesadelos, dependências

TRABALHA COM: Citrino, quartzo-transparente

DICA DE USO: Prenda-a com fita adesiva por baixo da cabeceira da cama ou coloque-a na mesa de cabeceira, para ajudar a combater a insônia e para pacificar pesadelos e/ou ajudar a recordar os sonhos.

CITRINO

Tenho citrino estrategicamente disposto em toda a minha casa, não só por sua beleza, mas por ser uma pedra poderosa. Você vai encontrar dois tipos de citrino: o citrino de ocorrência natural e o citrino criado pelo tratamento térmico da ametista. Em geral, se o colorido amarelo dourado do citrino é extremamente transparente e saturado, isso significa que é uma ametista submetida a tratamento térmico. Se não tiver certeza, pergunte antes de comprar. A ametista tratada tem propriedades similares às do citrino de ocorrência natural, mas este último tende a ter energia mais potente.

ORIGEM: Brasil, Estados Unidos, Peru, Rússia

REDE: Hexagonal

FORMATOS: Natural, aglomerados, em quartzo-transparente, rolado/polido, lapidado

ENERGIA: Amplifica

CORES: Amarelo

CHACRA: Plexo solar

POSICIONAMENTO: Sobre o plexo solar ou perto dele; como pulseira, anel ou colar; na caixa registradora ou carteira; no canto posterior esquerdo da casa (canto da prosperidade)

AJUDA COM: Prosperidade, autoestima e autoimagem, criatividade, fortalecimento da generosidade, promoção da clareza de pensamento, manifestação, afirmação da vontade pessoal, facilitação de recomeços

TRABALHA COM: Quartzo-transparente, ametista, ametrino, quartzo-enfumaçado

DICA DE USO: Para aumentar a prosperidade, coloque o citrino no canto posterior esquerdo de sua casa (o canto da prosperidade). Você pode determinar qual é o canto posterior esquerdo ficando em frente à porta e olhando para dentro. Também pode colocar o citrino no canto posterior esquerdo de qualquer aposento, para aumentar a prosperidade. Se você tem um comércio, coloque-o na registradora para promover a prosperidade nos negócios.

CORNALINA

A cornalina é uma variedade de calcedônia, que pertence à família do quartzo. A cornalina está associada com a ousadia e a coragem, e o uso deste cristal pode ajudar a superar fraquezas (físicas e emocionais), melhorar a sorte e atrair prosperidade. Sendo uma pedra do chacra do sacro, a cornalina pode também ajudar a fortalecer seu senso de identidade, bem como moderar o ego excessivo. Tradicionalmente, a cornalina também tem sido usada para ajudar vocalistas e pessoas que falam em público, trazendo força e poder à voz.

ORIGEM: Brasil, Índia, Islândia, Peru

REDE: Hexagonal

FORMATOS: Natural, rolada/polida, lapidada

ENERGIA: Absorve

CORES: Laranja-amarronzado a laranja-avermelhado

CHACRA: Laranja-avermelhado – raiz; laranja, laranja-amarronzado – sacro

POSICIONAMENTO: Sobre o umbigo ou perto dele; como pulseira; perto do chacra da raiz

AJUDA COM: Coragem, segurança, força de vontade, determinação, retorno da paixão a relacionamentos, desenvolvimento de um senso saudável de identidade, foco no momento presente, superação de abuso, proteção contra inveja, aumento da energia

TRABALHA COM: Quartzo-transparente, malaquita, sardônix

DICA DE USO: Aumente sua energia usando este cristal ao exercitar-se, ou coloque um pedaço dele em sua mesa de trabalho para ajudar a manter a energia ao longo do dia. Como a cornalina aumenta a energia, provavelmente é melhor não a colocar perto da cama.

FLUORITA

Parte da versatilidade da fluorita está relacionada com a gama de cores que ela apresenta, do verde-claro ao roxo mais profundo. A peça mais versátil é a fluorita-arco-íris, que é toda listrada de verde, roxo, rosa, azul e verde-água, de modo que trabalha com vários chacras e incorpora as propriedades terapêuticas de suas várias cores. A fluorita-arco-íris facilita o fluxo de energia entre os chacras e ajuda a promover a clareza de pensamento. Sendo um mineral relativamente macio, tenha cuidado com o modo de guardá-lo, pois ele risca com facilidade.

ORIGEM: Austrália, Brasil, China, Estados Unidos

REDE: Isométrica

FORMATO: Natural, aglomerados, geodos, rolado/polido, lapidado

ENERGIA: Absorve

CORES: Amarelo, arco-íris, azul, rosa, roxo, transparente, verde, verde-água

CHACRA: Coração, garganta, terceiro olho, coroa

POSICIONAMENTO: Qualquer local ao longo dos quatro chacras superiores; como colar

AJUDA COM: Equilíbrio e estabilização das energias, conexão corpo-mente-espírito, facilitação da intuição e da comunicação com planos superiores, calma, aumento da criatividade, harmonia, conexão com o Divino

TRABALHA COM: Quartzo-transparente, ametista, sodalita

DICA DE USO: Guarde-a longe de outros cristais, pois risca com facilidade. Segure a fluorita enquanto medita, para focalizar no equilíbrio de energias.

HEMATITA

A hematita é uma pedra muito bonita. É reluzente e preta, com um arco-íris de cores sobre sua superfície, como uma película de óleo sobre a água quando atingida por um raio de sol. Essa é uma pedra que absorve energias, e por isso é perfeita para situações em que há muita energia negativa ao redor. Também proporciona aterramento e é calmante, sendo uma ótima pedra para quando você está estressado. A hematita também ajuda você a liberar as limitações que criou para si mesmo, sem dar-se conta disso.

ORIGEM: Brasil, Reino Unido, Suíça

REDE: Hexagonal

FORMATOS: Natural, rolada/polida, lapidada, anéis

ENERGIA: Absorve

CORES: Cinza-escuro/preto

CHACRA: Raiz

POSICIONAMENTO: Perto do chacra da raiz; como um anel ou pulseira; no bolso; na mesa de trabalho quando este for estressante

AJUDA COM: Absorção de negatividade, equilíbrio de energias, alívio de estresse e ansiedade, aterramento, desintoxicação

TRABALHA COM: Lápis-lazúli, malaquita

DICA DE USO: A hematita absorve muitas energias negativas e trabalha o tempo todo. Por conta disso, ela se quebra com frequência. Quando isso acontecer, devolva-a para a Terra e consiga uma nova peça.

QUARTZO-ENFUMAÇADO

O quartzo-enfumaçado é outra das pedras a que sempre recorro, porque transmuta a negatividade em positividade. Uso o quartzo-enfumaçado quando as pessoas querem que eu equilibre a energia de suas casas, e sempre o levo comigo por ter efeitos tão poderosos sobre a energia. Quando o comércio de uma amiga foi inundado recentemente, houve muita negatividade associada ao evento, de modo que, depois de concluída a limpeza, espalhei pedaços de quartzo-enfumaçado ao redor das instalações, para ajudar a limpar essa negatividade.

ORIGEM: Mundo todo

REDE: Hexagonal

FORMATOS: Natural, pontas, aglomerados, rolado/polido, lapidado

ENERGIA: Amplifica

CORES: Cinza-claro a marrom

CHACRA: Raiz, coroa

POSICIONAMENTO: No bolso; perto do chacra da raiz e do chacra da coroa; em qualquer lugar onde sinta que a energia negativa é um problema

AJUDA COM: Transmutação da energia negativa em energia positiva, amplificação da energia positiva, aterramento, desintoxicação, conexão de todos os chacras com energias de equilíbrio, conexão com uma orientação superior e com o Divino

TRABALHA COM: Quartzo-transparente, citrino, ametista

DICA DE USO: Espalhe pedaços de quartzo-enfumaçado ao redor da sua casa (se tiver comprado o suficiente, ao redor de sua propriedade), assim toda a energia que rodeia o local onde você mora será transformada em energia positiva. Faço isso para mim e para os amigos, quando se mudam para uma casa nova, com o intuito de trazer energia boa.

QUARTZO-ROSA

O quartzo-rosa é a pedra do amor incondicional, da bondade e da compaixão. Como tal, pode ajudar também com o perdão. Embora a cor do chacra do coração seja o verde, pedras de cor rosa, como esse quartzo, também têm uma associação profunda com ele. Essa é uma pedra maravilhosa para a autocura, em especial quando você está tentando curar abalos emocionais relacionados com o amor, como o término de um relacionamento, traições ou a perda de um ente querido. É uma pedra tranquila e plena de paz, que pode ajudar você a sentir-se conectado com os outros e fortalecer sua sensação de alegria.

ORIGEM: Brasil, Índia, Japão, Estados Unidos

REDE: Hexagonal

FORMATOS: Natural, pontas, aglomerados, rolado/polido, lapidado

ENERGIA: Amplifica

CORES: Rosa

CHACRA: Coração

POSICIONAMENTO: Como colar, pulseira ou anel, em particular no dedo em que se usa a aliança (mão esquerda); perto ou sobre o chacra do coração

AJUDA COM: Compaixão, bondade, amor incondicional, amor por si mesmo, cura emocional, alegria, paz, bom-humor

TRABALHA COM: Quartzo-transparente, ametista, prasiolita, peridoto

DICA DE USO: Carregue com você o quartzo-rosa depois de um desentendimento com um ente querido, para facilitar a cura.

QUARTZO-TRANSPARENTE

O quartzo-transparente é, sem sombra de dúvida, o cristal mais versátil em qualquer coleção. É sempre o primeiro cristal que recomendo às pessoas, e um dos cristais que sempre carrego comigo em quantidade para presentear os outros. É um cristal que se limpa sozinho, e você pode usá-lo para limpar outros cristais caso tenha um grande aglomerado dele. O quartzo-transparente amplifica o poder de qualquer cristal com que trabalha. Você pode usar pontas de quartzo-transparente para direcionar e amplificar a energia de outra pedra, encostando a extremidade plana do quartzo no outro cristal e a ponta virada para longe dele.

ORIGEM: Mundo todo

REDE: Hexagonal

FORMATOS: Natural, pontas, pontas biterminadas (diamantes Herkimer), aglomerados, geodos, rolado/polido, lapidado

ENERGIA: Amplifica

CORES: Branco leitoso a transparente

CHACRA: Coroa, todos os outros chacras

POSICIONAMENTO: Em qualquer lugar; para meditação, sobre o chacra da coroa ou perto dele; em uma grade com outros cristais para amplificar suas energias

AJUDA COM: Amplificação das propriedades de todos os outros cristais, conexão com o Divino e com a consciência superior, lidar com qualquer condição ("curador mestre"), proteção, limpeza e purificação, amplificação da energia e do pensamento, clareza de pensamentos e crenças, equilíbrio de corpo-mente-espírito, melhora da concentração

TRABALHA COM: Todos os outros cristais.

DICA DE USO: Use um aglomerado de pontas de quartzo-transparente para limpar outras pedras com segurança e eficiência. Coloque pedras menores no aglomerado e permita que permaneçam aí de 12 a 24 horas.

TURMALINA-NEGRA

Carrego turmalina-negra (também conhecida como schorl) comigo o tempo todo, tanto para presentear os outros quanto para ajudar a absorver qualquer negatividade que venha de minha volta. Em tempos antigos, os magos usavam a turmalina-negra para afastar os "demônios". Além de absorver a negatividade e de fornecer proteção, a turmalina-negra também ajuda a manter seu aterramento, promove a autoconfiança e pode ajudar a purificar ambientes onde muita negatividade emocional ocorreu. Se uma peça de turmalina-negra se quebra, é porque ficou saturada com a energia negativa absorvida. Descarte-a (apenas devolva-a para a Terra), e consiga outra.

ORIGEM: Austrália, Brasil, Estados Unidos, Sri Lanka

REDE: Hexagonal

FORMATOS: Natural, em quartzo, rolada/polida, lapidada

ENERGIA: Absorve

CORES: Preto

CHACRA: Raiz

POSICIONAMENTO: Bolso da calça; perto do chacra da raiz; junto à cama; entre você e uma fonte de negatividade

AJUDA COM: Proteção psíquica, proteção contra a negatividade, aterramento, eliminação do estresse, limpeza de emoções negativas

TRABALHA COM: Quartzo-transparente

DICA DE USO: Se você tem um colega de trabalho que é negativo demais, coloque um pedaço de turmalina-negra entre você e essa pessoa.

TURQUESA

A turquesa tem um profundo simbolismo para muitas nações e tribos aborígenes. Historicamente, era uma pedra usada por xamãs e guerreiros. Seu uso como pedra sagrada é ancestral e disseminado ao redor do mundo. Uma crença tradicional é de que a turquesa protege os cavaleiros contra quedas. Ela também é prezada por sua capacidade de promover a clareza de visão, a espiritualidade e o poder pessoal e espiritual. Uma nota de cautela: assegure-se de estar adquirindo uma turquesa verdadeira. Muitos vendedores oferecem howlita tingida, que apresenta veios similares e pode facilmente passar por turquesa.

ORIGEM: Mundo todo

REDE: Triclínica

FORMATOS: Natural, pontas, rolada/polida, lapidada

ENERGIA: Absorve

CORES: Azul-claro a um turquesa-escuro

CHACRA: Garganta

POSICIONAMENTO: Em acessórios, especialmente como colares; sobre o chacra da garganta, durante a meditação; em um bolso, sobretudo no peito

AJUDA COM: Poder pessoal, sorte e prosperidade, segurança durante viagens, expressão de verdades pessoais, exposição de ideias criativas, proteção contra roubo, promoção de ambições e empoderamento, calma, absorção de energia excessiva, harmonia

TRABALHA COM: Quartzo-transparente, ônix

DICA DE USO: Se seu relacionamento enfrenta dificuldades, coloque turquesa em seu quarto, para promover a harmonia.

CAPÍTULO 6

QUARENTA CRISTAIS QUE VOCÊ *deve* CONHECER

Caso você entre em uma loja de pedras, vai descobrir uma variedade impressionante de cristais, que pode parecer excessiva. Embora eu sempre recomende a aquisição daqueles cristais pelos quais nos sentimos atraídos, um pouco de conhecimento prévio vai ajudá-lo a percorrer com mais facilidade os corredores da loja de pedras. Neste capítulo, você descobrirá quarenta cristais comumente disponíveis, acessíveis, versáteis e fáceis de encontrar em lojas de esoterismo e de pedras. Por isso, são ótimos cristais para iniciantes, e podem atender a seus propósitos atuais e futuros.

À medida que o tempo passa, suas necessidades em termos de cristais podem se transformar. Embora este capítulo contenha algumas sugestões, à medida que mudam suas necessidades, você talvez seja atraído para cristais diferentes. Se cristais que não constam deste capítulo o atraírem, não tenha receio de escolher aqueles que o escolheram, a despeito de minhas recomendações. Esteja aberto à experiência de encontrar o cristal certo para você, empregando a orientação que vem de dentro de si.

ÁGATA

As ágatas exibem grande variedade de colorido, abrangendo todas as cores do arco-íris. Diferentes pedras têm, portanto, propriedades ligeiramente diferentes, dependendo de sua cor. Entretanto, uma vez que são compostas de cristais de quartzo (em geral calcedônia), elas têm estrutura hexagonal, o que significa que, de forma geral, as ágatas vão ajudá-lo a alcançar seus desejos.

ORIGEM: Mundo todo

REDE: Hexagonal

FORMATOS: Natural, rolada/polida, chapas

ENERGIA: Amplifica

CORES: Amarelo, azul, branco, cinza, laranja, marrom, multicolorido, preto, roxo, verde, vermelho

CHACRA: Todos, dependendo da cor

POSICIONAMENTO: Sobre qualquer chacra; no bolso; como qualquer tipo de acessório

AJUDA COM: Equilíbrio emocional, tranquilidade, foco e concentração; azul – comunicação e honestidade; marrom-alaranjado – autocontrole; musgo – amor incondicional, prosperidade; rosa – compaixão; outras cores – questões relacionadas com os chacras de mesma cor

TRABALHA COM: Outras ágatas, quartzo-transparente

DICA DE USO: Quando criança, eu passava muito tempo em praias rochosas, procurando ágatas. Para encontrá-las, procure entre as rochas e erga as pedras contra o sol, para ver se a luz brilha através delas. Caso isso ocorra, trata-se de uma ágata.

88 PARTE 2

ÁGUA-MARINHA

A água-marinha é uma pedra de manifestação. Sua bela cor azul-esverdeada é calmante e tranquilizante, de modo que essa pedra é especialmente útil para pessoas com ansiedade ou fobias; também é uma pedra para proteção em viagens.

ORIGEM: Brasil, Estados Unidos, México, Rússia

REDE: Hexagonal

FORMATOS: Natural, pontas, rolada/polida, lapidada

ENERGIA: Amplifica

CORES: Azul, azul-esverdeado

CHACRA: Coração, garganta, terceiro olho

POSICIONAMENTO: Sobre o chacra da garganta, para equilibrar o fluxo de energia entre os chacras do coração e do terceiro olho; como colar; como qualquer tipo de acessório (em particular brincos) para ajudar com ansiedade e fobias; na mão receptora (não dominante) durante a meditação e/ou em falas de afirmação

AJUDA COM: Acalmar-se, alívio da ansiedade, alívio de fobia, auxílio em manifestações, alinhamento e equilíbrio dos chacras e estímulo à coragem, proteção, autoexpressão, descoberta de verdades espirituais

TRABALHA COM: Ametista, quartzo-transparente, turquesa

DICA DE USO: Ao proferir suas afirmações, segure a água-marinha com sua mão receptora (não dominante) para ajudar na manifestação.

AMAZONITA

A amazonita é uma variedade de feldspato, sendo conhecida como a Pedra da Verdade e a Pedra da Coragem. Por sua cor verde-azulada, alinha-se tanto com o chacra do coração quanto com o chacra da garganta. Com tons que lembram o oceano, ela promove a tranquilidade e a paz. É uma pedra que também promove o equilíbrio.

ORIGEM: Austrália, Brasil, Canadá, Estados Unidos

REDE: Monoclínica

FORMATOS: Natural, rolada/polida

ENERGIA: Absorve

CORES: Verde, verde-água, verde-azulado

CHACRA: Coração, garganta

POSICIONAMENTO: Sobre o chacra do coração ou chacra da garganta, ou entre os dois; como colar ou brincos

AJUDA COM: Falar a verdade, equilíbrio entre os chacras da garganta e do coração, amor incondicional, paz e compreensão, integridade, perdão, prosperidade, proteção contra emoções negativas

TRABALHA COM: Quartzo-rosa

DICA DE USO: Use a amazonita como colar ou pulseira da próxima vez que tiver um dia estressante pela frente – ela vai ajudar a acalmá-lo.

ÂMBAR

O âmbar não é tecnicamente um cristal – é uma resina vegetal petrificada. No entanto, muita gente o utiliza como cristal porque tem propriedades terapêuticas. Ele é mais conhecido nos cuidados de saúde alternativos como um anti-inflamatório empregado em colares de bebês cujos dentes estão nascendo (os bebês só devem usá-los sob supervisão de um adulto, e não devem morder o colar).

ORIGEM: Alemanha, países bálticos, Romênia, Rússia

REDE: Amorfa

FORMATOS: Natural, lapidado

ENERGIA: Absorve e amplifica

CORES: Dourado, laranja, marrom, marrom-dourado, mel

CHACRA: Plexo solar

POSICIONAMENTO: Sobre o chacra do plexo solar; perto de qualquer área dolorida ou inflamada; como acessório; no bolso

AJUDA COM: Dor e inflamação, geração de energia positiva, autoestima, limpeza, alívio do estresse, aumento da força vital, alívio da ansiedade, proteção contra a energia dos outros (excelente para pessoas empáticas)

TRABALHA COM: É um cristal muito poderoso por si só, mas trabalha bem em conjunção com o quartzo-transparente.

DICA DE USO: Para dor nas mãos relacionada com a artrite, tente usar uma pulseira de âmbar.

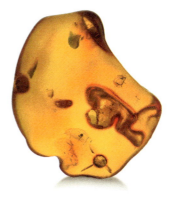

AMETRINO

No ametrino, a ametista e o citrino formam naturalmente um único cristal. Com seu colorido roxo e amarelo, é um cristal de excepcional beleza, e combina e amplifica as propriedades de cada um de seus componentes, para formar um todo. Do ponto de vista puramente da beleza, é um dos meus favoritos.

ORIGEM: Canadá, Estados Unidos, México, Sri Lanka

REDE: Hexagonal

FORMATOS: Natural, pontas, aglomerados, rolado/polido, lapidado

ENERGIA: Amplifica

CORES: Amarelo e roxo

CHACRA: Plexo solar, terceiro olho, coroa

POSICIONAMENTO: Sobre os chacras do plexo solar ou do terceiro olho, perto do alto da cabeça, junto à cabeceira da cama

AJUDA COM: Amplificação das propriedades tanto da ametista quanto do citrino, prosperidade e abundância, comunicação psíquica, limpeza da aura, transmutação da negatividade, facilitação do fluxo de energia positiva, equilíbrio de energias opostas, equilíbrio da vontade divina com a vontade pessoal, elevação do pensamento baseado no ego para um nível superior, estímulo a sonhos espirituais

TRABALHA COM: Ametista, citrino, quartzo-transparente

DICA DE USO: O uso de um colar de ametrino pode facilitar e equilibrar o fluxo de energia entre os chacras do plexo solar e da coroa.

APATITA

A apatita tem uma bela cor azul-esverdeada, além de ser uma pedra muito macia e quebradiça. Não guarde sua apatita com outros cristais. Em vez disso, mantenha-a cuidadosamente embrulhada, para evitar que sofra danos. Essa pedra está profundamente associada com a sabedoria espiritual e a verdade.

ORIGEM: Estados Unidos, México, Noruega, Rússia

REDE: Hexagonal

FORMATOS: Natural, pontas, rolada/polida, lapidada

ENERGIA: Amplifica

CORES: Amarelo, azul, verde-água, violeta

CHACRA: Rosa – coração e raiz; amarelo – plexo solar; verde-água – coração; azul, verde-água – garganta; violeta – terceiro olho; transparente – coroa

POSICIONAMENTO: No chacra correspondente a sua cor; no bolso (embrulhada com cuidado) quando estiver se sentindo socialmente ansioso; na mão receptora (não dominante) durante a meditação

AJUDA COM: Foco nos objetivos, conexão com o Divino, eliminação da negatividade, elevação da vibração energética, aumento da intuição, facilitação da verdade, motivação, redução da ansiedade social, autoconsciência

TRABALHA COM: Ametista, quartzo-transparente, quartzo-rosa

DICA DE USO: Seja cuidadoso ao manter guardada a apatita, pois ela risca, quebra-se e lasca com facilidade.

Quarenta cristais que você deve conhecer

AVENTURINA

Formada por quartzo com inclusões de outros minerais (que lhe conferem as diferentes cores), a aventurina pode ser azul, verde, vermelha, laranja, amarela ou branca, embora a cor mais comum seja o verde. Tendo o quartzo como seu principal componente, a aventurina é um amplificador de energia, e pode amplificar as energias do chacra associado à cor da pedra usada.

ORIGEM: Brasil, China, Rússia, Tibete

REDE: Hexagonal

FORMATOS: Natural, pontas, rolada/polida, lapidada

ENERGIA: Amplifica

CORES: Amarelo, azul, branco, laranja, verde (mais comum), verde-azulado, vermelho

CHACRA: Vermelho – raiz; laranja – sacro; verde – coração; amarelo – plexo solar; azul – terceiro olho e garganta; branco – coroa

POSICIONAMENTO: No chacra correspondente; como acessório; na carteira

AJUDA COM: Amarelo – promove a autoestima; azul – melhora da comunicação, ajuda na manifestação, melhora a autodisciplina; branco – aprimoramento da comunicação com o eu superior, equilíbrio dos chacras; verde – aprimoramento das capacidades de liderança, prosperidade, amor incondicional, alívio da ansiedade; vermelho/laranja – promove a sensação de segurança

TRABALHA COM: Turmalina, turquesa

DICA DE USO: Leve uma peça de aventurina verde no bolso quando tiver alguma reunião importante de trabalho, para estimular a liderança.

CALCEDÔNIA

A calcedônia é uma forma de quartzo que obtém sua cor a partir de oclusões minerais. As ágatas são uma forma de calcedônia (assim como a cornalina); no entanto, no caso de cristais de cura, o termo "calcedônia" refere-se tipicamente a uma variedade azul-cremosa da pedra. Conhecida como a "pedra do orador", ela ajuda você a expressar com tato as verdades que devem ser ditas.

ORIGEM: Áustria, Brasil, Estados Unidos, Rússia

REDE: Hexagonal/monoclínica

FORMATOS: Natural, geodo, rolada/polida, lapidada

ENERGIA: Amplifica

CORES: Azul

CHACRA: Garganta

POSICIONAMENTO: Em colares, pingentes e brincos (funciona especialmente bem); diretamente sobre o chacra da garganta; em um bolso no peito

AJUDA COM: Manifestação, proteção, expressão da verdade, expressão de ideias criativas, promoção da paz, redução de dúvidas sobre si mesmo, equilíbrio de emoções

TRABALHA COM: Quartzo-transparente, sodalita, lápis-lazúli

DICA DE USO: Toque a calcedônia com a ponta da língua ou com os lábios antes de falar em público.

CALCITA

A calcita é encontrada em um verdadeiro arco-íris de cores, cada uma com propriedades específicas associadas aos chacras com os quais se alinham. A estrutura hexagonal da calcita significa que é uma pedra que ajuda a alcançar seus desejos, de modo que é excelente para trabalhos de manifestação.

ORIGEM: Brasil, Estados Unidos, Islândia, Rússia

REDE: Hexagonal

FORMATOS: Natural, rolada/polida, lapidada

ENERGIA: Amplifica

CORES: Azul, branco, cinza, laranja/pêssego, mel, preto, rosa, verde, vermelho, violeta

CHACRA: Vermelho, preto, cinza – raiz; laranja, pêssego – sacro; mel, amarelo – plexo solar; verde, rosa – coração; azul – garganta; violeta – terceiro olho; branco – coroa

POSICIONAMENTO: No chacra correspondente; no bolso; na mão receptora (não dominante) durante a meditação

AJUDA COM: Manifestação, amplificação da energia, purificação, aterramento, paz interior; azul – reconhecimento e expressão de sua verdade pessoal, integridade; branco – comunicação com um poder superior, crescimento espiritual; laranja – vontade pessoal; mel ou amarelo – autoestima; roxo – intuição; verde – abundância; verde/rosa – amor incondicional

TRABALHA COM: Outras calcitas de diferentes cores.

DICA DE USO: Crie um ambiente relaxante e de paz em um quarto ou banheiro, espalhando pelo aposento pedras de calcita de cores diferentes.

CIANITA

Embora o azul seja a cor mais comum da cianita, essa pedra também existe em amarelo, verde, preto e laranja. É uma pedra quebradiça, geralmente em forma de lâmina, o que faz dela uma boa "pedra da preocupação" para esfregar seu polegar. A cianita nunca necessita de limpeza, porque não retém energia – ela apenas facilita o movimento energético. É por esse motivo que não são percebidas para esse cristal nem absorção, nem amplificação.

ORIGEM: Brasil

REDE: Triclínica

FORMATOS: Natural, lâminas, rolado/polido, entalhado, lapidado

CORES: Amarelo, azul (mais comum), branco, cinza, laranja, preto, verde

CHACRA: Preto, cinza – raiz; laranja – sacro; amarelo – plexo solar; verde – coração; azul – garganta e terceiro olho; branco – coroa

POSICIONAMENTO: Sobre qualquer um dos chacras correspondentes; na mão como "pedra da preocupação"

AJUDA COM: Abertura de caminhos entre uma coisa e outra, dissipação de bloqueios, quebra de padrões de comportamento, facilitação da comunicação (em particular o azul), lealdade e justiça, recuperação de memórias, aterramento (preto)

TRABALHA COM: Todas as cores de cianita; entre dois cristais quaisquer para facilitar o movimento de energia entre eles.

DICA DE USO: Posicione a cianita entre outros cristais, em uma grade, para facilitar o fluxo de energia de um cristal a outro.

DAMBURITA

A damburita aparece em múltiplas cores, que afetam diferentes chacras. Seja qual for sua cor, porém, é sempre uma pedra de alta vibração, associada com iluminação espiritual e conexão com um poder superior. Também é uma pedra de purificação e limpeza, que pode ajudar na cura de dores e de feridas espirituais profundas.

ORIGEM: Estados Unidos, Japão, México, Rússia

REDE: Ortorrômbica

FORMATOS: Natural, rolada/polida

ENERGIA: Amplifica

CORES: Cinza, transparente, verde

CHACRA: Verde – coração; transparente, cinza – coroa

POSICIONAMENTO: Sobre os chacras do coração ou da coroa; no bolso durante períodos de estresse; espalhada pela casa para promover uma ampla cura energética

AJUDA COM: Intuição, cura emocional profunda, compaixão e amor incondicional, conexão dos chacras superiores (do coração à coroa), facilitar transições, acalmar e desestressar, purificação da aura, limpeza

TRABALHA COM: Todos os cristais, em particular pedras sinérgicas de alta vibração, como fenaquita, tectito e moldavita.

DICA DE USO: A damburita é uma excelente pedra para meditação quando você deseja se conectar com seu poder superior. Segure-a com qualquer uma das mãos ao meditar.

EPIDOTO

Sendo uma pedra monoclínica, o epidoto é um cristal que propicia proteção e está primariamente associado ao chacra do coração e ao amor. Ele pode ajudar a melhorar as relações interpessoais, criando equilíbrio entre os parceiros e fortalecendo o amor e o crescimento pessoal. Ele também amplifica a energia de outras pedras.

ORIGEM: Canadá, Estados Unidos, França, Noruega, Rússia

REDE: Monoclínica

FORMATOS: Natural, rolado/polido

ENERGIA: Amplifica

CORES: Verde

CHACRA: Coração

POSICIONAMENTO: Sobre o chacra do coração; na mão após a meditação para um efeito de aterramento; perto de qualquer pedra cuja vibração você deseja amplificar

AJUDA COM: Prosperidade, amor, conexão com a natureza, otimismo, aterramento, desbloqueios energéticos, quebra de padrões de comportamento, fortalecimento, estímulo à cura

TRABALHA COM: Qualquer pedra que necessite amplificação.

DICA DE USO: Se você mora na cidade e não tem conseguido passear o suficiente, a meditação com o epidoto pode ajudá-lo a se conectar com o mundo natural.

ESMERALDA

Com frequência lapidada e polida, e transformada em joia ou acessório, a esmeralda é uma forma do mineral chamado berilo. Outros berilos incluem a água-marinha e a morganita. Com sua característica cor verde, a esmeralda é uma clássica pedra do chacra do coração, que promove amor e compaixão.

ORIGEM: Áustria, Brasil, Tanzânia, Zimbábue

REDE: Hexagonal

FORMATOS: Natural, rolada/polida, lapidada

ENERGIA: Amplifica

CORES: Verde

CHACRA: Coração

POSICIONAMENTO: Sobre o chacra do coração; como acessório; como anel no dedo da aliança (mão esquerda)

AJUDA COM: Prosperidade, amor incondicional, compaixão, romance, bondade, perdão, manifestação, crescente consciência espiritual, serenidade, vivenciar o amor Divino, proteção, cura de traumas

TRABALHA COM: Outros berilos (água-marinha, morganita), quartzo-transparente, outras pedras de cor verde ou rosa

DICA DE USO: Como uma pedra do amor incondicional e do amor romântico, a esmeralda é especialmente auspiciosa para ser oferecida a outra pessoa como uma promessa ou em um anel de noivado ou de casamento. A esmeralda é uma pedra dura, mas apresenta muitas inclusões, de modo que se quebra com facilidade, o que significa que você deve ter especial cuidado com ela.

FUCHSITA

A fuchsita é um mineral silicatado verde-cintilante, incrustado com mica. Constitui uma pedra de proteção. Frequentemente, você verá esse cristal incrustado com rubi. A fuchsita (com ou sem rubi) é uma clássica pedra de cura, que pode ajudar na cura física, energética e emocional.

ORIGEM: Brasil, Índia, Rússia

REDE: Monoclínica

FORMATOS: Natural, rolada/polida

ENERGIA: Absorve

CORES: Verde

CHACRA: Coração

POSICIONAMENTO: Sobre o chacra do coração; se incrustada com rubi, sobre o chacra da raiz e o chacra do coração; como colar ou pulseira

AJUDA COM: Cura emocional-física-espiritual, renovação, rejuvenescimento, equilíbrio, prosperidade, amor, intensificação da energia de outros cristais

TRABALHA COM: Rubi

DICA DE USO: A fuchsita é um mineral macio, que pode ser danificado com facilidade, por isso, guarde-o separado de outros cristais.

GRANADA

Quando as pessoas pensam nas granadas, o mais comum é que lhes venha à mente a forma vermelha dessa pedra, que recebe o nome de piropo. No entanto, as granadas estão disponíveis também em outras cores. Por exemplo, as granadas espessartitas são de cor amarela ou laranja, e as granadas tsavoritas são verdes.

ORIGEM: Mundo todo

REDE: Isométrica

FORMATOS: Natural, pontas, aglomerados, rolada/polida, lapidada

ENERGIA: Amplifica

CORES: Amarelo, marrom, verde, vermelho, vermelho-alaranjado

CHACRA: Vermelho – raiz; vermelho-alaranjado, marrom – sacro; verde – coração

POSICIONAMENTO: Vermelho perto do chacra da raiz; vermelho-alaranjado ou marrom sobre o chacra do sacro; verde sobre o chacra do coração; como acessórios, particularmente anéis ou pulseiras

AJUDA COM: Amplificação de energias, proteção, manifestação, transições, energizar e revitalizar, aumento de energia, superação de trauma, dissipação de ideias e crenças limitantes; vermelho – aterramento, proteção; amarelo a laranja (espessartita) – sucesso na carreira; verde (tsavorita) – abundância

TRABALHA COM: Granadas de outras cores, quartzo-enfumaçado, quartzo-transparente

DICA DE USO: Se você está passando por uma transição, leve granada no bolso ou use-a na forma de acessório, para ajudar a facilitar tal transição.

102 PARTE 2

HOWLITA

Por ter veios similares aos da turquesa, a howlita frequentemente é tingida de azul e vendida em seu lugar. No entanto, a howlita não tingida tem colorido claro; pode ser branca, cinza ou incolor, e por isso é tingida com facilidade. É uma pedra usada para conectar as pessoas ao Divino.

ORIGEM: Estados Unidos

REDE: Monoclínica

FORMATOS: Natural, rolada/polida, entalhada, lapidada

ENERGIA: Absorve

CORES: Branco, cinza, incolor

CHACRA: Coroa

POSICIONAMENTO: Perto do chacra da coroa; como brincos ou como colar

AJUDA COM: Sintonia com o Divino, conexão com a verdade superior, redução da ansiedade, redução do estresse, pacificar emoções negativas extremas como a raiva

TRABALHA COM: Turquesa, ametista, sodalita

DICA DE USO: Durante períodos de muito estresse ou tensão, use acessórios de howlita entalhada para ajudá-lo a se acalmar.

JADE

O jade tem sido usado desde a antiguidade, frequentemente entalhado, em joias e outros artefatos. A maioria das pessoas reconhece o jade verde; no entanto, ele pode ser também branco ou laranja. Por sua popularidade ao longo de tantos séculos e por seu valor em muitas culturas, são abundantes os objetos de jade produzidos industrialmente ou tingidos. Verifique se há irregularidades no colorido, inclusive usando lentes de aumento, para determinar a autenticidade. Se houver irregularidades, provavelmente é jade verdadeiro.

ORIGEM: China, Estados Unidos, Oriente Médio, Rússia

REDE: Monoclínica

FORMATOS: Natural, rolado/polido, entalhado

ENERGIA: Absorve

CORES: Amarelo, azul, branco, cinza, laranja, preto, roxo, verde (mais comum), vermelho

CHACRA: Vermelho, preto, cinza – raiz; laranja – sacro; amarelo – plexo solar; azul – garganta; verde – coração; roxo – terceiro olho; branco – coroa

POSICIONAMENTO: Sobre qualquer um dos chacras correspondentes; sob a forma de acessório; no bolso

AJUDA COM: Proteção, segurança durante viagens, alívio de culpa, interrupção de padrões negativos de pensamento, redução da ânsia excessiva pelo poder, fortalecimento das energias da força vital, aumento na confiança, promoção de todos os tipos de amor

TRABALHA COM: Todas as cores de jade, quartzo-transparente, malaquita

DICA DE USO: Jade pode conter amianto, e por esse motivo é bom lavar as mãos depois de manuseá-lo.

JASPE

Existem múltiplas cores opacas e variedades de jaspe, que é um agregado de quartzo ou calcedônia e outros minerais. Diferentes variedades têm propriedades diversas. Em geral, porém, o jaspe é uma pedra de manifestação, que absorve o excesso de energias e auxilia com o equilíbrio energético.

ORIGEM: Mundo todo

REDE: Hexagonal

FORMATOS: Natural, rolado/polido, entalhado, lapidado

ENERGIA: Absorve

CORES: Amarelo, azul, laranja, marrom, preto, verde, vermelho

CHACRA: Vermelho, preto – raiz; laranja – sacro; amarelo, marrom – plexo solar; verde – coração; azul – garganta e terceiro olho

POSICIONAMENTO: Sobre qualquer um dos chacras correspondentes; como acessório; no bolso

AJUDA COM: Manifestação, equilíbrio de excesso de energias (por exemplo, dependência, comportamento obsessivo-compulsivo), aterramento, estabilidade

TRABALHA COM: Todos os outros jaspes, turmalina-negra.

DICA DE USO: Segure-o na mão depois da meditação e visualize raízes penetrando na Terra a partir de seus pés para ajudar seu aterramento energético.

LABRADORITA

Quando não está lapidada ou polida, a labradorita tem a aparência de uma pedra velha qualquer. No entanto, depois da lapidação e do polimento, ela exibe uma qualidade denominada labradorescência, que é um brilho opalescente multicolorido, semelhante ao das opalas ou das pedras da lua. Os inuítes, um povo das primeiras nações norte-americanas, acreditam que a labradorita é uma conexão entre o plano terrestre e os reinos invisíveis.

ORIGEM: Canadá, Escandinávia, Itália

REDE: Triclínica

FORMATOS: Natural, rolada/polida, entalhada, lapidada

ENERGIA: Amplifica

CORES: Azul ou cinza com reflexos multicoloridos

CHACRA: Garganta, terceiro olho

POSICIONAMENTO: Sobre o chacra da garganta; como colar; perto de seu local de meditação

AJUDA COM: Revelação de qualidades mágicas, redução da negatividade, moderação de aspectos negativos da personalidade, desintoxicação de substâncias que provocam dependência, moderação de impulsividade e imprudência, conexão com reinos superiores, ajuda à intuição, dissipação de ilusões

TRABALHA COM: Quartzo-transparente, sodalita, ametista

DICA DE USO: Use a labradorita (segure-a ou tenha-a perto de si) durante a meditação ou prece, para ajudar na comunicação com os reinos superiores.

LÁGRIMAS-DE-APACHE

As lágrimas-de-apache são pedras de obsidiana no formato arredondado ou oval. Não são tecnicamente cristais, mas um tipo de vidro vulcânico. No entanto, elas possuem propriedades terapêuticas, em particular para pessoas que enfrentam o luto.

ORIGEM: Mundo todo

REDE: Amorfa

FORMATOS: Natural – oval ou arredondado

ENERGIA: Absorve

CORES: Cinza-escuro a preto

CHACRA: Raiz

POSICIONAMENTO: No bolso, ao enfrentar emoções negativas; como uma "pedra da preocupação" na mão emissora (dominante)

AJUDA COM: Luto, cura emocional, recuperação em casos de emoções sombrias ou tristes

TRABALHA COM: Quartzo-rosa

DICA DE USO: Quando lidando com a morte de um ente querido, carregue lágrimas-de-apache com você e use-as como uma "pedra da preocupação" quando a tristeza do luto ameaçar dominá-lo.

LÁPIS-LAZÚLI

O lápis-lazúli tecnicamente não é um cristal, pois não tem uma estrutura cristalina. Na verdade, é uma rocha metamórfica. No entanto, há séculos tem sido apreciado como uma pedra semipreciosa dotada de poderes mágicos. Ele adorna inúmeras antiguidades, incluindo o sarcófago do rei Tutancâmon.

ORIGEM: Chile, Egito, Estados Unidos, Oriente Médio

REDE: Nenhuma

FORMATOS: Natural, rolado/polido, entalhado

ENERGIA: Absorve

CORES: Azul com estrias brancas ou douradas

CHACRA: Garganta

POSICIONAMENTO: Sobre o chacra da garganta; como colar ou brincos

AJUDA COM: Comunicação de qualquer tipo (em particular escrita), aprendizado, estímulo à honestidade e à expressão de sua verdade pessoal, promoção da harmonia, melhora no desempenho

TRABALHA COM: Quartzo-transparente

DICA DE USO: O lápis-lazúli é a pedra de quem se apresenta em público. Use-a em audições ou em compromissos como orador, como um auxílio para um melhor desempenho.

LARIMAR

O larimar é a versão azul da pedra pectolita. É encontrado apenas na República Dominicana. Esta é uma pedra calmante, tranquila, que se forma na lava. Também é conhecido como Pedra dos Golfinhos e Pedra da Atlântida.

ORIGEM: República Dominicana

REDE: Triclínica

FORMATOS: Natural, lâminas, rolado/polido, entalhado

ENERGIA: Absorve

CORES: Azul

CHACRA: Garganta, terceiro olho

POSICIONAMENTO: Sobre o chacra da garganta; junto à cama ou presa com fita adesiva por baixo da cabeceira da cama

AJUDA COM: Relaxamento, acalmar e tranquilizar, favorecer a paz e a serenidade, auxiliar a expressão da sabedoria, auxílio na superação de traumas, elucidação do significado dos sonhos

TRABALHA COM: Quartzo-transparente, selenita

DICA DE USO: Use o larimar como colar durante conversas nas quais é importante a exposição de sua verdade pessoal de forma calma e sensata.

MAGNETITA

A magnetita é uma pedra preta magnética formada por óxido de ferro. Você a encontra com frequência com pequenos fragmentos de ferro presos a ela devido ao magnetismo. Caso a encontre nessa situação, guarde-a com cuidado, separada dos outros cristais, para que continue com os pedacinhos de ferro grudados.

ORIGEM: Áustria, Canadá, Estados Unidos, México

REDE: Monoclínica

FORMATOS: Natural, natural com ferro aderido a ela, rolada/polida (sem ferro)

ENERGIA: Amplifica

CORES: Preto

CHACRA: Raiz

POSICIONAMENTO: Perto do chacra da raiz, em uma pulseira

AJUDA COM: Aterramento, proteção, atração daquilo que você cria

TRABALHA COM: É muito potente por si mesma.

DICA DE USO: Recomendo sempre manter a magnetita em um recipiente de proteção, mesmo durante seu uso.

MALAQUITA

A malaquita foi o primeiro cristal que descobri, muitos anos atrás, ainda criança. Tem um belo colorido verde escuro com faixas de tons de verde mais claros e mais escuros. É uma pedra do coração, da natureza, da prosperidade e da cura.

ORIGEM: Congo, Oriente Médio, Rússia, Zâmbia

REDE: Monoclínica

FORMATOS: Natural, rolada/polida, entalhada, lapidada

ENERGIA: Absorve

CORES: Verde

CHACRA: Coração

POSICIONAMENTO: Sobre o chacra do coração ou perto dele; como colar ou pulseira; na mala ou na bagagem de mão durante a viagem

AJUDA COM: Absorção de energia negativa, proteção contra a poluição (energética e física), proteção contra acidentes, atenuação de medos associados a viagens

TRABALHA COM: Lápis-lazúli

DICA DE USO: Acredita-se que a malaquita oferece proteção durante as viagens aéreas. Leve um pedacinho na bagagem de mão, ou mesmo no bolso, ao voar.

MOLDAVITA

A moldavita é uma forma de tectito (uma classe de rochas formadas pelo impacto de um meteorito), o que faz dela uma "rocha do espaço" ou uma "pedra de meteorito". É uma pedra de alta vibração, considerada uma pedra sinérgica, que trabalha com 12 pedras similares, também de alta vibração.

ORIGEM: Alemanha, Moldávia, República Tcheca

REDE: Amorfa

FORMATOS: Natural, lascas

ENERGIA: Amplifica

CORES: Verde

CHACRA: Coração, coroa

POSICIONAMENTO: Sobre o chacra do coração ou da coroa ou perto deles; como colar

AJUDA COM: Conexão com o Divino, alívio da ansiedade e de dúvidas, elevação da vibração, estímulo a sonhos mais significativos, rejuvenescimento

TRABALHA COM: Azeztulita, brookita, damburita, herderita, natrolita, petalita, fenaquita, quartzo-satyaloka, escolecita, tanzanita, tectito

DICA DE USO: Fragmentos grandes de moldavita podem custar caro, mas essa é uma pedra muito poderosa. O uso de um pequeno pedaço que seja pode ter um efeito profundo.

112   PARTE 2

OBSIDIANA

Existem diversas variedades de obsidiana, que é o vidro vulcânico criado por extrusão durante o resfriamento da lava. Em geral na cor preta (às vezes manchada, como no caso da obsidiana floco de neve), a obsidiana é uma pedra do chacra da raiz, e pode ajudar na proteção e no aterramento energético.

ORIGEM: Mundo todo

REDE: Amorfa

FORMATOS: Natural, rolada/polida, lapidada

ENERGIA: Amplifica

CORES: Preto, preto com branco

CHACRA: Raiz

POSICIONAMENTO: Sobre o chacra da raiz ou perto dele; na mão durante meditação de aterramento

AJUDA COM: Limpeza da aura, aterramento, liberação de raiva e de mágoa, proteção contra a energia negativa

TRABALHA COM: Quartzo-transparente, selenita

DICA DE USO: Se está se sentindo atordoado ou energeticamente "congestionado", segure uma peça de obsidiana com sua mão receptora (não dominante) enquanto respira profundamente.

OLHO DE TIGRE

Assim chamada por sua aparência, que se assemelha ao olho de um tigre, é mais conhecida nas cores amarela e marrom. No entanto, existem também a olho de tigre azul e a olho de tigre vermelho. É uma pedra de manifestação, e pode ajudar quando você está enfrentando problemas de identidade.

ORIGEM: África do Sul, Brasil, Canadá, Índia

REDE: Hexagonal

FORMATOS: Natural, rolado/polido, entalhado, lapidado

ENERGIA: Absorve

CORES: Amarelo, azul, vermelho

CHACRA: Vermelho – raiz; amarelo – plexo solar; azul – garganta

POSICIONAMENTO: Sobre o chacra apropriado ou perto dele; como colar ou pulseira

AJUDA COM: Autoexpressão, autovalorização, autoestima, autodefinição, amor por si mesmo, autoconceito, autocrítica, manifestação de objetivos

TRABALHA COM: Citrino

DICA DE USO: Evite trabalhar com o olho de tigre sem polimento, já que contém amianto. O polimento remove qualquer ameaça de amianto dessa pedra, mas, por segurança, lave as mãos depois de manuseá-la.

114 PARTE 2

ÔNIX

O ônix é uma variedade de calcedônia na qual as pedras apresentam faixas paralelas. É uma pedra de proteção e de aterramento, também usada para auxiliar na manifestação, além de poder ajudar a equilibrar o desejo sexual excessivo.

ORIGEM: Brasil, Estados Unidos, Itália, México

REDE: Hexagonal

FORMATOS: Natural, rolado/polido, lapidado

ENERGIA: Absorve

CORES: Preto

CHACRA: Raiz

POSICIONAMENTO: Sobre o chacra da raiz ou perto dele; no bolso da calça

AJUDA COM: Aterramento, absorção do desejo sexual excessivo, aumento da harmonia em relacionamentos íntimos, melhora do autocontrole, atenuação de preocupações e da tensão, acalmar pesadelos

TRABALHA COM: Ágata, cornalina

DICA DE USO: A colocação do ônix na mesa de cabeceira ou preso com fita adesiva à cabeceira da cama pode ajudar a equilibrar relacionamentos íntimos.

Quarenta cristais que você deve conhecer

OPALA

Apreciadas pelo jogo de luz luminescente que brilha em seu interior (denominado difração*), as opalas têm grande reputação como gemas e como pedras de cura. No entanto, por carecerem de uma estrutura cristalina, as opalas não são tecnicamente cristais. As opalas são macias, com um elevado teor de água, o que as torna especialmente delicadas. Nunca limpe uma opala com água ou com sal.*

ORIGEM: Austrália, Canadá, Grã-Bretanha, México

REDE: Amorfa

FORMATOS: Natural, rolada/polida, lapidada

ENERGIA: Amplifica

CORES: Amarelo, azul, branco, incolor, laranja, preto, rosa, verde, vermelho, violeta

CHACRA: Vermelho, preto – raiz; laranja – sacro; amarelo – plexo solar; verde, rosa – coração; azul – garganta; violeta – terceiro olho; incolor, branco – coroa

POSICIONAMENTO: Sobre qualquer chacra ou perto deles; como qualquer tipo de acessório; junto à cabeceira da cama para ter efeito sobre os sonhos

AJUDA COM: Criatividade, inspiração, conexão com o Divino e o eu superior, facilitação do fluxo de transformação, auxiliar a enfrentar obstáculos com facilidade, melhora de memória

TRABALHA COM: Larimar

DICA DE USO: Guarde e use com cuidado, separada de outros cristais, para evitar danos.

116   PARTE 2

PEDRA DA LUA

A pedra da lua é uma variedade de feldspato caracterizada por seu colorido leitoso com um brilho opalescente chamado adularescência. Como outras pedras monoclínicas, a pedra da lua é uma gema protetora. Também é uma pedra que pode fazer a conexão com os reinos superiores, a Divindade e a intuição.

ORIGEM: Áustria, Brasil, Índia, Sri Lanka

REDE: Monoclínica

FORMATOS: Natural, rolada/polida, lapidada

ENERGIA: Amplifica

CORES: Branco, pêssego, preto

CHACRA: Terceiro olho, coroa

POSICIONAMENTO: Sobre os chacras do terceiro olho ou da coroa ou perto deles; como colar ou brinco

AJUDA COM: Conexão com o Divino e fortalecimento da intuição. Auxílio na tomada de decisões e no pensamento racional, estímulo à solução criativa de problemas, facilitação da autoexpressão, proteção durante viagens por água e viagens noturnas

TRABALHA COM: Quartzo-rosa, ametista

DICA DE USO: Quando tiver que viajar por água ou durante a noite, leve uma pedra da lua no bolso ou use-a como acessório para proteção.

PERIDOTO

Também conhecido como olivina ou crisólito, o peridoto tem uma bela cor verde, que o valoriza como gema. É uma pedra relacionada ao amor incondicional, ao perdão, à compaixão e a outras emoções e experiências centradas no coração. É também uma pedra de limpeza e purificação.

ORIGEM: Egito, Irlanda, Rússia, Sri Lanka

REDE: Ortorrômbica

FORMATOS: Natural, rolado/polido, lapidado

ENERGIA: Amplifica

CORES: Verde

CHACRA: Coração

POSICIONAMENTO: Sobre o chacra do coração ou perto dele; como colar ou pulseira; como anel no dedo da aliança (mão esquerda)

AJUDA COM: Promoção de positividade, todos os tipos de amor, perdão, compaixão, cura de traumas emocionais, diminuição do ego, prosperidade, sorte, limpeza da aura, equilíbrio dos chacras

TRABALHA COM: Quartzo-transparente, quartzo-rosa, quartzo-enfumaçado

DICA DE USO: Leve com você ou use o peridoto quando sentir que precisa de um pouco mais de sorte.

RODOCROSITA

A rodocrosita é uma pedra rosa vibrante, toda estriada. Quando exibe um tom mais claro de rosa, algumas pessoas a confundem com o quartzo-rosa, e algumas de suas qualidades metafísicas são semelhantes. Em geral, porém, você pode distinguir a rodocrosita do quartzo-rosa pelo colorido intenso, mais escuro, e pelas faixas brancas que exibe.

ORIGEM: Argentina, Peru, Rússia, Uruguai

REDE: Hexagonal

FORMATOS: Natural, rolada/polida, lapidada

ENERGIA: Amplifica

CORES: Rosa

CHACRA: Rosa-escuro – raiz; rosa-claro – coração

POSICIONAMENTO: Sobre os chacras da raiz ou do coração ou perto deles; como colar ou pulseira; como anel no dedo da aliança (mão esquerda)

AJUDA COM: Compaixão, bondade, amor incondicional, calma, aterramento, perdão, limpeza da aura, compaixão por si mesmo

TRABALHA COM: Quartzo-rosa, quartzo-transparente

DICA DE USO: Se estiver com dificuldades quanto ao amor ou à compaixão por si mesmo, segure a rodocrosita com sua mão receptora (não dominante) enquanto afirma: "Amo a mim mesmo incondicionalmente".

RUBI

Estimado como gema preciosa, o rubi tem uma vibrante cor vermelha. Tanto o rubi quanto a safira são formas do coríndon, um mineral valioso. Além de encontrar os cristais de rubi propriamente ditos, você também pode encontrá-los incrustados em fuchsita ou zoisita. O rubi incrustrado nessas pedras é mais acessível do que o rubi sozinho, e conserva todas as propriedades deste.

ORIGEM: Índia, México, Rússia

REDE: Hexagonal

FORMATOS: Natural, rolado/polido, lapidado

ENERGIA: Amplifica

CORES: Vermelho

CHACRA: Raiz, coração

POSICIONAMENTO: Sobre os chacras da raiz ou do coração ou perto deles; como colar ou pulseira; como anel no dedo da aliança (mão esquerda)

AJUDA COM: Todos os tipos de amor, abrir o coração, expressar amor, compaixão, conexão ao amor espiritual e Divino, confiança, coragem, perdão, aterramento, desbloqueio de emoções e de energia

TRABALHA COM: Safira, quartzo-rosa

DICA DE USO: Se você está preso em qualquer emoção, use alguma joia de rubi ou carregue a pedra no bolso para ajudá-lo a libertar-se desse bloqueio.

SAFIRA

Assim como o rubi, a safira é uma forma do valioso mineral coríndon. Embora a maioria das pessoas pense nas safiras como tendo a cor azul, esta gema apresenta grande variedade de cores, incluindo laranja, amarelo e rosa. A safira é uma pedra de proteção e de manifestação.

ORIGEM: Austrália, Brasil, Canadá, Índia

REDE: Hexagonal

FORMATOS: Natural, rolada/polida, lapidada

ENERGIA: Amplifica

CORES: Amarelo, azul, laranja, rosa

CHACRA: Laranja – sacro; amarelo – plexo solar; azul – terceiro olho e garganta; rosa – terceiro olho

POSICIONAMENTO: Sobre o chacra apropriado ou perto dele, em especial o chacra da garganta; como colar ou como brincos; perto da cabeceira da cama em casos de insônia

AJUDA COM: Autoexpressão, comunicação, distúrbios do sono, expressão da verdade pessoal, lealdade, submissão da vontade pessoal à vontade Divina

TRABALHA COM: Rubi

DICA DE USO: A safira é particularmente poderosa quando usada com algum tipo de meditação vocal, como as meditações com repetição de mantras.

SELENITA

Sendo uma variedade de gipsita, a selenita é um cristal muito macio. Devido a isso, é fácil de entalhar, e você irá encontrá-la com frequência esculpida, em formatos interessantes, por exemplo, como uma torre. É primariamente uma pedra de proteção. Ela não necessita de limpeza, pois não absorve ou armazena energia, e serve para limpar outros cristais.

ORIGEM: China, Estados Unidos, França, Índia

REDE: Monoclínica

FORMATOS: Natural, rolada/polida, entalhada, lapidada

ENERGIA: Amplifica

CORES: Branco

CHACRA: Terceiro olho, coroa

POSICIONAMENTO: Sobre os chacras do terceiro olho ou da coroa ou perto deles

AJUDA COM: Proteção contra a negatividade, limpeza da energia negativa, limpeza de outros cristais, limpeza da aura, conexão com a intuição e com o Divino, perdão

TRABALHA COM: Todas as pedras.

DICA DE USO: Por ser uma pedra muito macia, a selenita pode ser danificada com facilidade. Nunca a exponha à água ou ao sal, e guarde-a separada de outros cristais.

SODALITA

A sodalita é um amplificador natural, que pode ajudar a magnificar as energias que você deseja em sua vida. Ela pode também ajudá-lo no equilíbrio de energias, caso você tenha energia demasiada de um tipo e energias insuficientes de outros tipos.

ORIGEM: Austrália, Brasil, Canadá, Rússia

REDE: Isométrica

FORMATOS: Natural, rolada/polida, entalhada, lapidada

ENERGIA: Amplifica

CORES: Azul com branco

CHACRA: Garganta, terceiro olho

POSICIONAMENTO: Sobre o chacra da garganta ou do terceiro olho ou perto deles; como colar ou como brincos

AJUDA COM: Expressar a verdade pessoal, comunicação eficiente, equilíbrio emocional, conexão com a intuição e com orientação espiritual

TRABALHA COM: Ametista

DICA DE USO: A sodalita é um cristal eficiente se você está passando por oscilações de humor. Leve-a consigo ou use-a na forma de algum acessório para ajudar a equilibrar as emoções.

TANZANITA

A tanzanita pode ajudar você a se desfazer de coisas que não têm mais serventia, além de atuar no desbloqueio de energias ou na dissipação de energia indesejada. Essa pedra foi batizada em homenagem ao país onde foi descoberta – Tanzânia.

ORIGEM: Tanzânia

REDE: Ortorrômbica

FORMATOS: Natural, rolada/polida, entalhada, lapidada

ENERGIA: Amplifica

CORES: Azul-violáceo

CHACRA: Garganta, terceiro olho, coroa

POSICIONAMENTO: Sobre os chacras da garganta, do terceiro olho ou da coroa ou perto deles; como brincos ou como colar

AJUDA COM: Dissipar energia indesejada, desfazer-se de coisas que não têm serventia, conexão com o eu superior e com o Divino, integração dos chacras do terceiro olho e da coroa, auxílio na descoberta de si mesmo e de sua verdadeira natureza espiritual

TRABALHA COM: Quartzo-transparente, celestita

DICA DE USO: A tanzanita pode ajudar você a descobrir e tornar claras suas próprias crenças espirituais. Segure-a com sua mão receptora (não dominante) ao meditar ou orar.

TOPÁZIO

O topázio é uma gema de clareza excepcional, que pode ajudar você a limpar as energias e a se desfazer de coisas que não têm mais serventia. Pode também ajudar a alinhar e a equilibrar energias. O topázio dourado é a forma mais conhecida desta gema, mas também existem outras cores, incluindo azul, transparente, rosa, verde, pêssego e rosa.

ORIGEM: África do Sul, Brasil, Canadá, Índia

REDE: Ortorrômbica

FORMATOS: Natural, aglomerados, rolado/polido, entalhado, lapidado

ENERGIA: Amplifica

CORES: Amarelo, azul, dourado (mais comum), incolor, pêssego, rosa, verde, vermelho

CHACRA: Vermelho – raiz; pêssego – sacro; amarelo, dourado – plexo solar; verde – coração; azul – garganta; rosa – terceiro olho; transparente – coroa

POSICIONAMENTO: Sobre o chacra apropriado ou perto dele, como qualquer tipo de acessório, em torno do perímetro ou nos cantos de qualquer aposento que você queira limpar de energia negativa

AJUDA COM: Autoexpressão, autovalorização, autoestima, autodefinição, amor por si mesmo, autoconceito, autocrítica, manifestação de objetivos, manifestação de visão criativa

TRABALHA COM: Tanzanita, celestita

DICA DE USO: Segure ou use o topázio ao expressar suas afirmações ou enquanto trabalha em qualquer projeto criativo.

TURMALINA

Já apresentamos a turmalina-negra no capítulo anterior como uma pedra de proteção, mas as turmalinas de outras cores são valiosas pedras de cura. A turmalina de qualquer cor pode ajudar você a manifestar qualidades associadas com o chacra da cor correspondente. Por exemplo, a turmalina-verde pode ajudar você a manifestar o amor incondicional, enquanto a turmalina-rosa pode ajudar a manifestar o amor romântico.

ORIGEM: Afeganistão, Brasil, Estados Unidos, Sri Lanka

REDE: Hexagonal

FORMATOS: Natural, em quartzo, rolada/polida, entalhada, lapidada

ENERGIA: Amplifica

CORES: Amarelo, laranja, preto, rosa, verde e rosa (melancia), verde, vermelho

CHACRA: Vermelho, preto – raiz; laranja – sacro; amarelo – plexo solar; melancia, rosa, verde – coração

POSICIONAMENTO: Sobre o chacra apropriado ou perto dele; como qualquer tipo de acessório, especialmente como pulseira ou anel

AJUDA COM: Manifestação de desejos, aumento de vitalidade, rejuvenescimento e revitalização, purificação

TRABALHA COM: Turmalinas de outras cores, selenita, água-marinha

DICA DE USO: A turmalina-melancia, que é verde e rosa como a fruta, é uma pedra particularmente poderosa para a manifestação do amor. Use-a ao meditar, na mão emissora (dominante), para ajudar a amar incondicionalmente.

ZIRCÃO

Quando eu era criança e descobri que minha pedra zodiacal era o zircão azul senti-me ludibriada, porque achei que era a mesma coisa que a zircônia cúbica, que é produzida industrialmente. Na verdade, essas pedras não estão relacionadas. O zircão é um mineral de ocorrência natural, que atua na proteção e na atração.

ORIGEM: Austrália, Canadá, Paquistão, Sri Lanka

REDE: Tetragonal

FORMATOS: Natural, rolado/polido, entalhado, lapidado

ENERGIA: Amplifica

CORES: Amarelo, azul

CHACRA: Amarelo – plexo solar; azul – garganta e terceiro olho

POSICIONAMENTO: Sobre o chacra apropriado ou perto dele; como qualquer tipo de acessório, especialmente como colar ou pulseira; sobre a mesa de trabalho quando tem tarefas pouco interessantes a executar

AJUDA COM: Amor por si mesmo, crescimento espiritual, conexão com o Divino, intuição, geração de alegria, maior entusiasmo por coisas pelas quais você não sente particular entusiasmo

TRABALHA COM: Quartzo-transparente, água-marinha

DICA DE USO: O zircão de ocorrência natural tem coloração azul ou amarela, mas você pode encontrar esta pedra em outras cores. Nesse caso, o mais provável é que tenha passado por um tratamento térmico.

PARTE 3

Melhore sua vida com os cristais

CAPÍTULO
7

INDICAÇÕES DE USO
dos CRISTAIS

Nas páginas que se seguem, compartilho indicações de uso dos cristais que descobri que funcionam bem com certos problemas e condições. Para cada problema abordado são dadas algumas sugestões, bem como um mantra que você pode repetir antes de começar o trabalho com os cristais, para interiorizar e focalizar sua mente. Como venho mencionando, escolha os cristais que mais ressoam com você.

A cura leva tempo. Para desencadear a mudança, você deve estar disposto a permitir que ela entre em sua vida. Isso exige uma atitude de receptividade. Quando der início às sessões de cura, tente colocar de lado dúvidas e medos, o máximo que puder, e assuma uma atitude mental positiva e receptiva. A mudança virá apenas se você permitir e estiver disposto a recebê-la. Se você é alguém que não se sente à vontade recebendo (e, pelo que tenho visto, a maioria das pessoas prefere doar), comece a sessão com uma declaração positiva como "Estou aberto para receber" ou "Sou grato por aquilo que estou prestes a receber".

ABUSO

Muitas pessoas vítimas de abuso carregam-no como um peso que causa dor durante toda a vida. A despeito de quem tenha abusado de você, de quando o abuso ocorreu e o tipo de abuso (emocional, mental, físico, sexual), para viver uma vida realmente empoderada, você deve trabalhar para deixar ir a dor que carrega, e assim poder seguir em frente fortalecido.

MANTRA

Liberto-me de qualquer mal que tenha sofrido e sigo em frente com compaixão por mim mesmo.

INDICAÇÃO 1 – CORNALINA

As consequências do abuso com frequência instalam-se no chacra do sacro (ou segundo chacra) que é o centro do poder pessoal. Isso é especialmente verdadeiro no caso de abuso físico e/ou sexual. Cornalina, que tem cor laranja, é uma pedra eficiente para o segundo chacra.

Sentado ou deitado confortavelmente, segure um pedaço de cornalina na mão receptora (não dominante).

Feche os olhos e visualize a dor do abuso sofrido como uma massa escura no segundo chacra.

Visualize a massa escura saindo pelo ponto onde você toca o solo (pés, nádegas, costas, dependendo de sua posição) e penetrando na Terra. A Terra irá neutralizar e reequilibrar a energia.

Quando sentir que a Terra recebeu toda a energia, segure a cornalina no chacra do sacro e repita o mantra tantas vezes quanto quiser. Leve o tempo que precisar, e repita quantas vezes for necessário.

INDICAÇÃO 2 – OLHO DE TIGRE AMARELO

Em consequência do abuso, em particular do abuso emocional e mental, com frequência autovalorização e autoestima são afetadas. Esses são problemas que dizem respeito ao chacra do plexo solar.

Segure um pedaço de olho de tigre amarelo na mão receptora (não dominante) enquanto permanece sentado ou deitado, imóvel e confortavelmente. Feche os olhos se isso lhe parecer seguro.

Visualize uma luz dourada crescendo em seu plexo solar, que se situa na base do esterno.

Repita o mantra e acrescente um mantra adicional para a autoestima, como "Eu sou digno de coisas boas". Faça isso por quanto tempo quiser.

INDICAÇÃO 3 – GRADE PARA ABUSO

Crie uma grade de cristais para ajudar com as três questões que frequentemente estão relacionadas a um abuso: segurança, poder pessoal e autoestima. Aqui, usaremos uma grade em triângulo, que equilibra corpo, mente e espírito. Coloque a grade debaixo de sua cama ou de sua mesa de trabalho – ou em qualquer lugar onde você passe muito tempo. Limpe os cristais mais ou menos uma vez por mês. Qualquer formato ou tamanho de pedra funciona. Crie uma grade que lhe dê satisfação.

CONFIGURAÇÃO: Triângulo

PEDRA FOCAL: Turmalina-negra (segurança, absorve energia negativa)

PEDRAS DE INTENÇÃO: Citrino (autoestima), quartzo-rosa (amor por si mesmo), cornalina (poder pessoal)

PEDRAS PERIMETRAIS: Quartzo-transparente (amplifica)

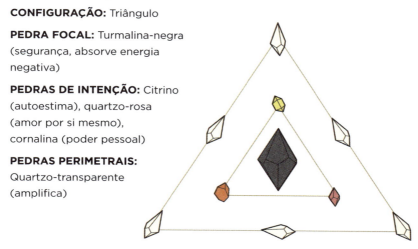

AMOR

Quando as pessoas me perguntam sobre os cristais, os pedidos mais comuns de ajuda energética que recebo dizem respeito à prosperidade e ao amor. Todos nós temos amor em nossa vida (mesmo que não notemos), pois somos amados de forma incondicional pelo Divino; no entanto, quando às vezes carecemos do amor romântico, nós nos sentimos solitários, e quando passamos por dificuldades de relacionamento, sentimos medo de perder o amor.

MANTRA

Assim como dou amor aos outros, recebo amor com gratidão.

INDICAÇÃO 1 – QUARTZO-ROSA

O cristal mais amplamente utilizado para o amor romântico (e todos os outros tipos de amor, incluindo o amor incondicional) é o quartzo-rosa. Embora não seja estritamente necessário, o uso de um quartzo-rosa em formato de coração é um belo detalhe.

Se você está em busca do amor romântico ou de um par, medite segurando um quartzo-rosa sobre o seu chacra do coração.

Visualize a energia do amor saindo de seu coração, passando através do cristal e expandindo-se para o universo de uma forma magnética, que atrairá o amor. Enquanto visualiza isso, repita o mantra.

INDICAÇÃO 2 - PERIDOTO

Se você está passando por dificuldades dentro de qualquer relacionamento (romântico ou não), o peridoto é uma boa pedra para ajudá-lo a liberar a raiva e os sentimentos de mágoa, e trazer energia amorosa e terapêutica para essa relação.

Deite-se confortavelmente com um peridoto sobre o seu chacra do coração.

Visualize a pessoa com quem você está passando por dificuldades. Veja uma luz verde emanando de seu coração, passando através do peridoto e entrando no coração da outra pessoa no relacionamento que você está tentando curar.

Repita este mantra: "Eu permito que o amor cure a dor que causamos um ao outro.".

INDICAÇÃO 3 - TURMALINA-ROSA

Se você está em um relacionamento onde sente que há falta de confiança, e isso está causando um bloqueio no amor, tente trabalhar com a turmalina-rosa, que pode ajudar a criar confiança.

Segure a turmalina na mão emissora (dominante).

Visualize a energia dela envolvendo vocês dois.

ANSIEDADE

A ansiedade pode ser algo ocasional (preocupação) ou pode ser uma condição crônica e até mesmo debilitante. Há inúmeros tipos de ansiedade, como ansiedade social, distúrbios obsessivo-compulsivos, fobias e ansiedade generalizada. As indicações que faço aqui são para a ansiedade persistente, em oposição ao estresse de curta duração, que será objeto de uma indicação em separado. A ansiedade é outra condição de energia em excesso, e assim você necessita de pedras opacas que absorvem, tranquilizam e acalmam.

MANTRA

Eu sou paz.

INDICAÇÃO 1 - ÂMBAR

O âmbar pode ajudar a ampará-lo quando estiver se sentindo ansioso. Em caso de ansiedade social, use o âmbar como colar, pulseira ou anel, ou leve um pedaço (embrulhado com cuidado, pois é uma pedra delicada) em um bolso da calça quando estiver em situações socialmente intensas. Em tais situações, a pedra ajudará a acalmar sua ansiedade.

Segure um pedaço de âmbar na mão receptora (não dominante) e perceba a calidez dele.

Visualize uma luz amarela conectando seu plexo solar ao plexo solar de outras pessoas no local.

Respire fundo pelo tempo que for necessário até que a ansiedade passe.

INDICAÇÃO 2 - SODALITA

Com sua cor azul tranquilizante, a sodalita é a pedra perfeita contra a ansiedade.

Segure um pedaço de sodalita na mão emissora (dominante). Sente-se com tranquilidade. Feche os olhos se isso lhe parecer seguro.

Visualize a ansiedade fluindo por seu braço dominante para sua mão e para dentro da sodalita. Enquanto visualiza, repita o mantra.

Faça isso ao menos uma vez por dia, e limpe a sodalita diariamente.

INDICAÇÃO 3
ÓLEO ESSENCIAL DE LAVANDA E AMETISTA

Eu costumava sentir muita ansiedade, e, na maioria das vezes, ela vinha de noite, quando eu estava tentando dormir. Como resultado, passei muitas noites acordada, com insônia induzida pela ansiedade. Se isso acontece com você, e sua ansiedade sempre aparece quando você tenta dormir, tente esta indicação dupla:

Encha a banheira com água quente e adicione 4 gotas de óleo essencial de lavanda. Permaneça na água de 10 a 20 minutos. À medida que suas ansiedades surgirem, visualize-as se dissipando, e repita o mantra ou apenas a palavra "calma". Fique sentado na banheira enquanto a água escoa pelo ralo e visualize suas preocupações indo junto com ela. Quando a água tiver escoado toda (levando junto suas ansiedades), saia da banheira e seque-se.*

Então deite-se na cama, tendo um pedaço de ametista preso com fita adesiva sob a cabeceira ou na mesa de cabeceira (ou ambas). De novo, quando as ansiedades surgirem, visualize-as como nuvens que passam, inofensivas, saindo de sua cabeça e dispersando-se pelo universo. Repita o mantra.

---

*. Se você não tiver uma banheira, pode preparar uma infusão adicionando as gotas de óleo essencial em água morna e despejá-la aos poucos sobre o corpo enquanto repete o mantra e pratica as visualizações indicadas pela autora. (N.E.)

ARREPENDIMENTO

O arrependimento é uma emoção que não necessariamente nos faz bem. Vejo o arrependimento como o efeito a longo prazo de culpa ou vergonha não resolvidas; quando temos arrependimentos, deixamos de dar atenção a coisas que escolhemos na vida, e em vez disso nos concentramos em algo que fizemos ou deixamos de fazer. O arrependimento mantém você ocupado com o passado em vez de permanecer enraizado no aqui e no agora. Perdoar a si mesmo é essencial para superar o arrependimento.

MANTRA

Eu me afasto dos arrependimentos do passado.
Eu perdoo a mim mesmo.

INDICAÇÃO 1 – QUARTZO-ROSA

A compaixão por si mesmo está na raiz da sua libertação do arrependimento. O quartzo-rosa é um belo cristal que pode ajudar você a se perdoar, adquirir compaixão por si mesmo e deixar ir o arrependimento.

Deite-se de costas e coloque um cristal de quartzo-rosa sobre o seu coração.

Feche os olhos se isso lhe parecer seguro. Repita o mantra.

INDICAÇÃO 2 - QUARTZO-ENFUMAÇADO

O quartzo-enfumaçado é um cristal que pode ajudar você a desapegar de velhas crenças, e o que é o arrependimento senão um velho sistema de crenças que não tem mais serventia para você?
Mantenha um pedaço de quartzo-enfumaçado no bolso. Caso sinta o arrependimento dominando você ou perceba que sua mente está se perdendo no passado, segure o quartzo-enfumaçado na mão emissora (dominante) e repita o mantra até que seu arrependimento se aquiete.
Faça isso de forma consistente.

INDICAÇÃO 3
GRADE PARA DEIXAR IR O ARREPENDIMENTO

Faça uma grade para liberar o arrependimento. Coloque-a debaixo da cama ou sobre uma superfície plana de um lugar em que você passe muito tempo.

CONFIGURAÇÃO: Triângulo (conecta corpo, mente, espírito)

PEDRA FOCAL: Quartzo-enfumaçado (deixa ir velhos sistemas de crenças e transmuta o negativo em positivo)

PEDRAS DE INTENÇÃO: Água-marinha (deixa ir velhos padrões)

PEDRAS PERIMETRAIS: Turmalina-negra (absorve negatividade)

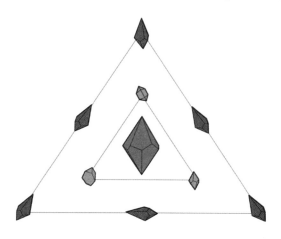

AUTOCONFIANÇA

Existe uma linha tênue separando a autoconfiança da arrogância. Algumas pessoas têm demasiada confiança em si, sem as capacidades ou o conhecimento para dar respaldo a isso, enquanto outras podem ser altamente capazes, mas creem não merecer suas realizações, por medo de serem denunciadas como "fraude". Esses são os dois opostos da autoconfiança: a abundância excessiva e a falta. Bem no meio está o equilíbrio perfeito que lhe permite ser bem-sucedido, alegre e confiante, de maneira que o equilíbrio dessas energias é essencial.

MANTRA

Eu me aceito incondicionalmente.

INDICAÇÃO 1 – OLHO DE TIGRE AMARELO

Meditar com olho de tigre amarelo ajuda a constituir uma autoconfiança saudável, ao mesmo tempo em que absorve qualquer excesso que possa levar à arrogância.

Medite enquanto segura um pedaço de olho de tigre amarelo junto ao chacra do plexo solar com a mão emissora (dominante).

Repita este mantra: "Eu aceito a mim mesmo exatamente como sou.".

INDICAÇÃO 2 - CITRINO

O citrino é um cristal que amplifica e também fortalece a autoconfiança.

Segure o citrino na mão receptora (não dominante) enquanto medita e recita o mantra.

Visualize a luz dourada do citrino envolvendo você completamente e fluindo através de seu corpo na forma de autoconfiança.

INDICAÇÃO 3 - ÂMBAR

O âmbar fortalece as energias do chacra do plexo solar e projeta seu próprio calor confiante.

Recomendo o uso de acessórios de âmbar caso você esteja em algum dos extremos do espectro da autoconfiança. Um colar ou uma pulseira são perfeitos para o âmbar.

COMPAIXÃO

A compaixão, seja por você, seja pelos demais, é uma das qualidades mais importantes a ser cultivada. Às vezes é difícil ter compaixão, inclusive por si mesmo, mas é uma qualidade essencial de alta vibração, que nos permite sentir a nós mesmos, e aos demais, como o Divino.

MANTRA

Vejo com os olhos da compaixão
tudo e todos os que estão diante de mim.

INDICAÇÃO 1 – QUARTZO-ROSA

A compaixão é uma emoção que vem do espírito e do coração. Como nosso desejo é ampliá-la, o uso de uma pedra que amplifica pode ajudar você a cultivar e nutrir essa importante qualidade. O quartzo-rosa é uma das pedras de mais elevada vibração para o cultivo da compaixão, e, sendo um cristal de sistema hexagonal, também é um amplificador natural.

Para estimular a compaixão por si mesmo, segure a pedra de quartzo-rosa na mão receptora (não dominante) e coloque-a sobre o coração.

Para estimular a compaixão pelos outros, segure a pedra de quartzo-rosa na mão emissora (dominante) e coloque-a sobre o coração.

Feche os olhos se isso lhe parecer seguro. Repita o mantra, sentindo a compaixão movimentar-se através de você.

INDICAÇÃO 2 - ÁGUA-MARINHA

Às vezes é difícil sentir compaixão até que você se liberte de suas opiniões. A água-marinha é outra pedra de estrutura hexagonal (amplificadora) que pode ajudar você a abrir mão de suas opiniões.

Quando perceber que sua opinião sobre si mesmo ou sobre outra pessoa está bloqueando a compaixão, segure a água-marinha na mão emissora (dominante) e visualize a opinião indo embora.

Enquanto segura a pedra, repita este mantra: "Eu deixo ir a opinião. Eu permito a compaixão.".

INDICAÇÃO 3 - MEDITAÇÃO COM PERIDOTO

O peridoto é outra pedra do coração, uma pedra de compaixão.

Deite-se confortavelmente, de costas, e coloque um peridoto sobre seu chacra do coração. Perceba o batimento do coração. Feche os olhos se isso lhe parecer seguro.

Visualize alguém ou algo pelo qual sente uma enorme compaixão. Coloque esse sentimento de amor e compaixão em seu coração e sinta como ele enche seu corpo com cada pulsação, movendo-se pelos vasos sanguíneos por todo o corpo e expandindo-se para além de você, pelo mundo.

Faça isso pelo tempo que desejar.

CONFIANÇA

A confiança surge apenas quando você acredita que está em segurança. Muitas pessoas que na infância passaram por traumas emocionais, físicos ou mentais (até mesmo traumas suaves, o que significa praticamente todos nós), ocasionalmente, têm dificuldade para sentir confiança, pois em algum momento interpretaram uma experiência como significando que não estavam protegidos. Assim, a forma de estabelecer a confiança é trabalhar todos os modos pelos quais você percebe que está seguro e protegido.

MANTRA

Eu confio na benevolência do universo.
Eu estou em segurança.

INDICAÇÃO 1 – GRANADA

A dificuldade para sentir-se em segurança reside no chacra da raiz. Portanto, é essencial equilibrar as energias desse chacra de modo que você tenha segurança suficiente para sentir-se confiante.

Sente-se ou deite-se confortavelmente e coloque a granada perto de seu chacra da raiz.

Feche os olhos se isso lhe parecer seguro.

Respire profundamente e repita o mantra.

INDICAÇÃO 2 - CORNALINA

E quando você sente que não pode ter confiança em si mesmo? Muitos de nós tem maior probabilidade de quebrar as promessas feitas a nós mesmos do que as promessas feitas aos outros, o que pode levar a uma falta de confiança em si. A falta de integridade (incluindo consigo próprio) é um problema do chacra do sacro, e a cornalina pode equilibrar este chacra.

Deite-se confortavelmente e coloque a cornalina sobre o chacra do sacro.

Repita este mantra: "Eu confio em mim mesmo porque mantenho a palavra que dei a mim.".

INDICAÇÃO 3 - AMETISTA

Outra coisa na qual as pessoas com frequência sentem que não podem confiar é no universo como um todo. Elas podem sentir que, de forma geral, a vida não é segura, e agem de acordo com isso. A ametista ajuda a conexão com a orientação Divina; seguir a orientação Divina, com bons resultados, leva a uma maior confiança no Universo.

Coloque a ametista sobre o chacra do terceiro olho.
Medite enquanto repete o mantra.

CORAGEM

Ter coragem não significa não sentir medo. Significa fazer o que você sabe ser o certo para você, mesmo quando você tem medo. A coragem é uma característica que provém do chacra do plexo solar, de modo que enfocaremos nele as indicações para o uso dos cristais.

MANTRA

*Eu tenho a coragem de fazer
o que sei que serve a meu bem maior.*

INDICAÇÃO 1 – CITRINO

O citrino é uma pedra que amplifica, e sua cor amarelo-dourada vibra na frequência do chacra do plexo solar. Assim, é uma potente pedra da coragem.

Quando precisar de coragem, segure um pedaço de citrino em sua mão receptora (não dominante).

Repita o mantra.

INDICAÇÃO 2 – ÁGUA-MARINHA

A água-marinha é conhecida como a pedra da coragem, e por isso é ótima para ser levada ou para ser usada em algum acessório quando você sentir que precisa de uma injeção de coragem.

Nos dias em que você sabe que terá de fazer algo fora de sua zona de conforto, e que exigirá coragem, use uma pulseira, um colar ou um anel de água-marinha.

Use a energia dessa pedra para trazer-lhe coragem. Repita o mantra.

INDICAÇÃO 3 – GRADE PARA A CORAGEM

A amazonita é outra pedra da coragem. Crie uma grade para a coragem, com a amazonita como a pedra focal ou central, usando água-marinha e citrino acima e abaixo, e pontas de quartzo como pedras perimetrais, para direcionar e amplificar a energia. Coloque a grade em qualquer local em que você passe muito tempo.

CONFIGURAÇÃO: Quadrado

PEDRA FOCAL: Amazonita (verde)

PEDRAS DE INTENÇÃO: Água-marinha (azul), citrino

PEDRAS PERIMETRAIS: Pontas de quartzo-transparente (amplifica)

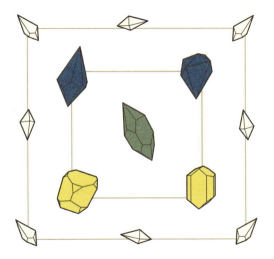

DEPENDÊNCIA

Embora muita gente considere que dependência tem a ver unicamente com drogas e álcool, qualquer apego aparentemente inabalável que não tem serventia, como alimentação não nutritiva ou um relacionamento prejudicial, também constitui dependência. As seguintes indicações irão ajudá-lo a fortalecer a vontade pessoal e a liberar os apegos, enquanto você trabalha para se libertar de qualquer que seja sua dependência.

MANTRA

Vou me libertar de todos os apegos nocivos e seguir em frente livre.

INDICAÇÃO 1 – HEMATITA

Dependências são primariamente um problema do chacra da raiz, de modo que o uso de um cristal que ajuda a equilibrar esse chacra pode ser útil. Uma vez que a dependência é um problema decorrente do excesso de energia, deve ser usado um cristal que absorve, em vez de um cristal que amplifica, pois é preciso equilibrar a energia desse chacra. Isso torna a hematita um cristal excelente para a dependência.

Prenda com fita adesiva um pedaço pequeno de hematita por baixo do local onde você se senta com maior frequência, assim como na parte inferior ou no pé de sua cama. Você pode também levar um pedaço de hematita no bolso da calça durante o dia todo ou usar um anel de hematita (substituindo-o caso se quebre).

Quando sentir a dependência dominando você, segure a hematita na mão emissora (dominante), feche os olhos e repita o mantra até que o impulso passe. Limpe a hematita diariamente durante este processo.

INDICAÇÃO 2 - AMETISTA

A ametista é conhecida como a "pedra da sobriedade", pois no passado acreditava-se que protegia as pessoas da embriaguez. Se você é dependente de alguma substância que altera a mente (incluindo cafeína ou nicotina), leve sempre um pedaço de ametista com você.

Segure a ametista com sua mão emissora (dominante), feche os olhos e recite o mantra quando sentir necessidade da substância.

Repita o mantra até o impulso passar.

Limpe a ametista diariamente durante o processo.

INDICAÇÃO 3 - ESQUEMA DOS CHACRAS

Crie um esquema simples das pedras dos chacras em algum lugar em que você passe muito tempo, por exemplo debaixo de sua mesa de trabalho ou de sua cama. Se criar debaixo da cama, coloque a turmalina-negra posicionada em paralelo ao seu chacra da raiz quando você está deitado, e a howlita em paralelo à posição onde ficaria seu chacra da coroa. Esses cristais absorvem o excesso de energia de cada chacra, o que pode estar associado com a dependência.

CONFIGURAÇÃO: Linha vertical

PEDRAS (EM ORDEM):
Howlita (chacra da coroa),
lápis-lazúli (chacra do terceiro olho),
sodalita (chacra da garganta),
malaquita (chacra do coração),
olho de tigre amarelo
  (chacra do plexo solar),
cornalina (chacra do sacro),
turmalina-negra (chacra da raiz)

Indicações de uso dos cristais

DETERMINAÇÃO

Quando é necessário tomar decisões, a intuição e o coração são seus melhores guias. Esses são os domínios dos chacras do terceiro olho e do coração. O foco centrado no chacra do terceiro olho proporciona conexão com a orientação superior, que pode ajudar você a tomar decisões que servem a seu bem maior.

MANTRA

Agradeço à minha intuição por guiar-me até as decisões que servem ao meu bem maior.

INDICAÇÃO 1 - AMETISTA

A ametista é um dos cristais mais potentes para a conexão com o sistema Divino de orientação. Cristais hexagonais como esse amplificam as mensagens que vêm de seu eu superior, tornando mais fácil reconhecê-las como sabedoria e orientação.

Quando tiver de tomar uma decisão, segure uma ametista na mão receptora (não dominante) e visualize a escolha que deve fazer.

Repita o mantra e mantenha-se sentado, em silêncio, até que surja a resposta a sua questão.

INDICAÇÃO 2 – AMETRINO

O ametrino conecta o terceiro olho ao plexo solar, fazendo a energia circular através do coração, enquanto se movimenta entre ambos. Com isso, é um cristal excelente para permitir que você tome decisões com base não apenas em uma orientação superior, mas também no amor e na compaixão, e em seu próprio instinto.

Deite-se de costas com um pedaço de ametrino a meio caminho entre os chacras do coração e da garganta (na porção superior do peito).
Faça a pergunta sobre a decisão que deve tomar.
Visualize a energia movendo-se para cima, a partir do plexo solar, passando através do coração e penetrando no chacra do terceiro olho.
Permita que a informação que surgir oriente sua decisão.

INDICAÇÃO 3 – GRADE PARA O TERCEIRO OLHO

Faça uma grade para o terceiro olho com ametista e quartzo-transparente. Coloque-a em sua mesa de cabeceira, faça sua pergunta antes de dormir e adormeça com a questão. A ametista e o quartzo-transparente ajudarão a resposta a vir até você durante o sono. Você pode usar qualquer tamanho e formato de pedra.

CONFIGURAÇÃO: Olho

PEDRA FOCAL: Ametista (pedra profundamente conectada ao terceiro olho e à intuição)

PEDRAS PERIMETRAIS/DE INTENÇÃO: Quartzo-transparente (amplifica)

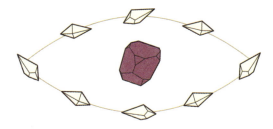

EQUILÍBRIO

Percebi que, quando tenho qualquer tipo de desequilíbrio, minha vida parece fora de controle e sinto-me infeliz até ser capaz de reestabelecer o equilíbrio. A falta de equilíbrio manifesta-se de várias formas, como desequilíbrio entre vida e trabalho; foco excessivo no corpo, na mente ou no espírito, à custa dos outros; ou estresse demais, sem relaxamento suficiente, para citar apenas alguns. O primeiro passo é reconhecer que existe algum tipo de desequilíbrio. Em seguida, use as indicações a seguir para se reequilibrar.

MANTRA

Sou equilibrado em todas as coisas.

INDICAÇÃO 1 – FLUORITA ARCO-ÍRIS

A fluorita arco-íris, com sua ampla gama de cores, pode ajudar a equilibrar as energias. Use fluorita arco-íris em acessórios quando se sentir fora de equilíbrio.

Algumas vezes por dia (por exemplo, ao acordar e quando for dormir), segure um pedaço de fluorita na mão receptora (não dominante).

Repita o mantra.

INDICAÇÃO 2 - TURQUESA

A turquesa é uma pedra de harmonia, que pode ajudar a equilibrar energias e levar você a um estado centrado e de paz.

O uso de acessórios de turquesa é uma ótima forma de desfrutar dos poderes dessa pedra, na busca por equilíbrio.

Assegure-se de limpar a turquesa periodicamente depois de alguns dias, para que ela mantenha seu poder harmônico.

INDICAÇÃO 3
TURMALINA-NEGRA E QUARTZO-TRANSPARENTE

A turmalina-negra e o quartzo-transparente trabalham em harmonia para criar uma energia equilibrada em todo o seu sistema.

Deite-se no chão ou em uma cama ou sofá confortável.

Coloque um pedaço de turmalina-negra perto de seu chacra da raiz e um pedaço de quartzo-transparente perto de seu chacra da coroa.

Feche os olhos se isso lhe parecer seguro.

Visualize a energia indo e vindo entre a raiz e a coroa. Repita o mantra se desejar.

ESTRESSE

A vida moderna é estressante. Não só temos os fatores de estresse diários de nossa vida, como emprego, obrigações familiares e atividades pessoais, mas também sentimos o estresse dos eventos e das preocupações mundiais, que com frequência parecem completamente fora de controle. No entanto, controlar o estresse é essencial para a saúde e o equilíbrio como um todo.

MANTRA

Deixe ir.

INDICAÇÃO 1 – OLHO DE TIGRE AMARELO

O estresse afeta as glândulas adrenais, que estão associadas com o chacra do plexo solar. O olho de tigre amarelo pode absorver o excesso de energia, que pode causar um desequilíbrio como resultado do estresse, e ajuda você a readquirir o equilíbrio.

Deite-se de costas com um olho de tigre amarelo sobre o chacra do plexo solar.

Respire profundamente e repita o mantra tantas vezes quanto necessário até sentir-se calmo.

INDICAÇÃO 2 - QUARTZO-ENFUMAÇADO

O quartzo-enfumaçado tem uma energia muito efetiva para a estabilização, e pode ajudar na rápida recuperação do equilíbrio quando você entra em uma situação de forte estresse. Esta é a pedra que levo comigo praticamente o tempo todo, porque sinto que me acalma e equilibra quando estou estressada.

Quando perceber que está estressado, segure o quartzo-enfumaçado em qualquer das mãos.

Feche os olhos se isso lhe parecer seguro. Inspire. Ao expirar, repita o mantra.

Faça isso pelo tempo necessário para atenuar seu estresse.

INDICAÇÃO 3 - HEMATITA

O estresse é essencialmente uma reação de medo, e a hematita é uma das melhores pedras para absorver o medo.

Segure a hematita em sua mão receptora (não dominante) quando estiver estressado.

Veja a energia do estresse como uma nuvem escura fluindo de si para a hematita.

Limpe a hematita depois de cada uso.

FELICIDADE

A felicidade é uma escolha, mas, às vezes, quando ficamos prisioneiros do estresse e das minúcias da vida diária, esquecemos que, para cultivar a felicidade ou a alegria, precisamos apenas escolher isso. As indicações de uso dos cristais a seguir podem ajudar você a se lembrar de escolher a felicidade, independentemente das circunstâncias externas de sua vida.

MANTRA

Eu escolho a alegria e a felicidade em todos os momentos.

INDICAÇÃO 1 - ÂMBAR

Para mim, o âmbar é a pedra máxima para a felicidade. Ele tem uma bonita cor dourada e uma calidez natural que se irradia quando você o coloca junto à pele. O uso de um acessório de âmbar pode ajudar você a vibrar com a energia da felicidade. Também funciona como um lembrete visual para você escolher ser feliz.

Segure o acessório de âmbar em sua mão receptora (não dominante). Repita o mantra antes de colocar o acessório.

INDICAÇÃO 2 - QUARTZO-ENFUMAÇADO

O quartzo-enfumaçado é um belo cristal que transmuta a energia negativa em energia positiva. Se você está passando por um período difícil ou estressante, e tem dificuldade para ser feliz, medite enquanto segura um pedaço de quartzo-enfumaçado em cada mão.

Visualize as emoções negativas fluindo através de seu corpo para a mão emissora (dominante) e para o quartzo que esta segura.

Veja o quartzo transformando a emoção negativa em felicidade.

Visualize a felicidade fluindo do quartzo que está na mão emissora (dominante) para o quartzo que está na mão receptora (não dominante), e então subindo por seu braço e chegando ao coração, que a bombeia para todo o corpo.

INDICAÇÃO 3 - CITRINO

Use citrino para ajudá-lo a ser uma pessoa que espalha felicidade e alegria.

Antes de interagir com outras pessoas, segure um pedaço de citrino na mão emissora (dominante) e repita este mantra: "Aonde quer que eu vá e com quem quer que me encontre, eu espalho felicidade.".

Coloque o cristal no bolso ao sair de casa. Você também pode energizar pedrinhas de citrino dessa maneira e presenteá-las às pessoas, para levar felicidade aos demais.

GRATIDÃO

A gratidão é um estado energético poderoso no qual existir. É quando você vive na gratidão que as oportunidades verdadeiras ocorrem em sua vida, porque ela lhe permite se alinhar com a verdade de quem você realmente é. A gratidão faz com que você se concentre nas coisas que importam de verdade.

MANTRA

Eu sou grato por tudo o que vejo, sei e vivo.
Eu sou grato por ser.

INDICAÇÃO 1 – QUARTZO-ROSA

Gratidão é uma qualidade que surge do chacra do coração, de modo que as pedras de colorido rosa ou verde são especialmente potentes para ajudar você a manifestá-la. Se conseguir encontrar um quartzo-rosa no formato de coração – uma pedra muito potente para a gratidão – use-a como pingente. Caso contrário, qualquer formato servirá.

Use um cristal de quartzo-rosa em um cordão longo, de modo que ele fique sobre o chacra do coração.

INDICAÇÃO 2 – ÁGUA-MARINHA

Se você tem dificuldade para expressar gratidão, uma pedra azul ativará seu chacra da garganta, o que pode ajudar com a expressão verbal. A água-marinha amplifica e auxilia a manifestação, de modo que pode ajudar você a trabalhar a expressão de sua gratidão.

Use a água-marinha como um colar.

Repita o mantra algumas vezes por dia para ajudar você a expressar gratidão.

INDICAÇÃO 3 – GRADE PARA A GRATIDÃO

Crie uma grade em forma de coração em um local em que você pode meditar. Em seguida, sente-se junto a ela. Feche os olhos se isso lhe parecer seguro. Visualize a gratidão fluindo através de seu corpo para o coração; imagine o coração bombeando a gratidão para o corpo inteiro. Permita que a gratidão flua através de você e ao seu redor.

CONFIGURAÇÃO: Coração

PEDRA FOCAL: Quartzo-rosa – em forma de coração, se tiver, ou em qualquer outro formato (amor por si mesmo)

PEDRAS PERIMETRAIS: Quartzo-transparente (amplifica)

Indicações de uso dos cristais 159

INVEJA

A inveja e seu primo próximo, o ciúme, são emoções que impedem você de seguir adiante em seu caminho, com paz e alegria. Com frequência, tais emoções surgem a partir da crença equivocada de que, se uma outra pessoa tem algo, isso significa que você não pode tê-lo ou não o terá nunca. Em vez de concentrar-se no que os outros têm e você não, concentre-se no que escolhe criar.

MANTRA

Eu estou criando a vida que desejo.

INDICAÇÃO 1 – AVENTURINA VERDE

A inveja é outra energia de excesso, dessa forma, uma pedra que absorve é a escolha ideal. Por mais que pareça um clichê, as pedras verdes são ideais para você se libertar da inveja ou do ciúme. A aventurina verde serve a um duplo propósito: ela lhe permite deixar ir a inveja, além de fortalecer seus objetivos pessoais.

Segure uma aventurina verde na mão receptora (não dominante) e outra na mão emissora (dominante) quando sentir inveja.

Visualize a inveja como uma fumaça verde que flui de seu corpo para a pedra que está na mão receptora.

Uma vez que a inveja saiu de seu campo de energia, desvie seu foco para a pedra que tem na mão receptora, e repita o mantra.

Quando tiver terminado, coloque no chão a pedra que estava na mão receptora e deixe a energia ser absorvida pela Terra, que irá neutralizá-la.

INDICAÇÃO 2 - MALAQUITA

Com sua cor verde opaca, a malaquita pode absorver emoções negativas como a inveja.

Deite-se de costas com a malaquita sobre o coração. Feche os olhos se isso lhe parecer seguro.

Visualize a inveja fluindo através de você para a malaquita, até não sentir mais esse sentimento.

INDICAÇÃO 3 - CORNALINA E APATITA

A cornalina ajuda a deixar a inveja ir, enquanto a apatita ajuda você a concentrar-se e seguir em frente rumo a objetivos positivos para si. Esta é uma combinação muito poderosa para libertar-se de inveja e ciúme, pois, uma vez que você está avançando rumo aos seus próprios objetivos, é menos provável que seu foco volte-se para o que os outros têm e que você não tem. Esta é uma meditação simples.

Sente-se ou deite-se confortavelmente. Segure a cornalina na mão receptora (não dominante) e a apatita na mão emissora (dominante).

Visualize um movimento positivo rumo aos seus objetivos, fluindo para dentro de si a partir da apatita e empurrando a inveja e o ciúme através da mão receptora para a cornalina.

Limpe a cornalina após a prática.

LIMITES

Estabelecer limites saudáveis é algo difícil para algumas pessoas. No entanto, manter tais limites é essencial para a saúde mental, espiritual, emocional e física. Ter limites bem estabelecidos protege seu senso de identidade ao mesmo tempo em que ainda lhe permite interagir com os outros, de forma bondosa e compassiva, tanto para você quanto para os demais. No entanto, os limites não podem ser tão rígidos a ponto de não permitirem uma ação amorosa quando esta é necessária. Assim, você precisa ser firme, mas flexível, e, em última análise, ser amoroso consigo mesmo.

MANTRA

Meus limites são firmes,
mas flexíveis o suficiente para permitirem o amor.

INDICAÇÃO 1 – CIANITA-AMARELA

A cianita-amarela tem duas propriedades que fazem dela uma pedra ótima para estabelecer limites. Primeiro, ela apresenta um sistema cristalino triclínico, que caracteriza as pedras de limites, ou perimetrais. Segundo, ela é uma pedra do chacra do plexo solar, que é onde reside a energia do senso de identidade e de limites.

Ao meditar, segure um pedaço de cianita amarela na mão emissora (dominante) e repita o mantra.

Faça isso de 5 a 10 minutos ou até sentir que seus limites estão firmes no lugar.

INDICAÇÃO 2 - TURQUESA

A turquesa, outro cristal triclínico, é excelente para estabelecer limites. Recomendo o uso de acessórios de turquesa.

Pela manhã, coloque algum acessório que contenha turquesa.

Repita o mantra enquanto visualiza a energia expandindo-se a partir da turquesa e envolvendo você.

INDICAÇÃO 3 - LABRADORITA

A labradorita ajuda a encontrar o empoderamento e promove a conexão com a intuição, e isso ajuda você a ter a força necessária para estabelecer limites saudáveis. Também está associada com o chacra da garganta, e com isso pode ajudar você a expressar a sua verdade, algo necessário para dar voz a seus limites.

Quando alguém lhe pedir para fazer algo, faça uma pausa.

Segure um pedaço de labradorita na mão e pergunte a si mesmo: "Isto é algo que meus limites pessoais me permitem fazer?". Observe a resposta que surge.

Está tudo bem dizer não se você sentir que o pedido está além de seus limites pessoais.

LUTO

O luto é o resultado emocional natural da perda, e é preciso que você se permita vivenciá-lo de modo pleno, para que ele possa transcorrer da forma devida. No entanto, se você fica preso a ele, é difícil sentir momentos de alegria e gratidão. O trabalho com cristais pode facilitar o transcorrer saudável do luto e ajudar na remoção de quaisquer bloqueios que façam com que você fique preso a ele em vez de seguir em frente.

MANTRA

Eu me encho de amor para curar minha dor.

INDICAÇÃO 1 - LÁGRIMAS-DE-APACHE

As lágrimas-de-apache são um cristal bem conhecido para lidar com o luto. Elas não farão o luto ir embora, mas podem ajudar você a processar esse sentimento de forma saudável.

Durma com lágrimas-de-apache em sua mesa de cabeceira e leve-as com você enquanto processa seu luto.

INDICAÇÃO 2 - RUBI

O rubi é uma pedra que pode ajudar a curar seu coração quando está profundamente ferido.

Sente-se ou fique deitado, segurando o rubi de encontro ao chacra do coração.

Repita o mantra enquanto visualiza a luz curativa do rubi penetrando em você e preenchendo-o, afastando o luto para fora de você.

INDICAÇÃO 3 – GRADE PARA O LUTO

Faça uma grade representando os estágios do luto e coloque-a sob a cama ou junto a algum lugar onde você passe muito tempo. Disponha as pedras em espiral, com uma lágrima de apache como a primeira pedra no centro, seguida pelas seguintes pedras (em sequência) formando a espiral para fora: hematita (para a raiva), fluorita arco-íris (para a negação), cianita azul (para a negociação), quartzo-enfumaçado (para a depressão) e ametista (para aceitação). Devido à configuração peculiar, não há de fato uma pedra focal ou pedras perimetrais neste caso. Na verdade, cada pedra ajuda você a lidar com um estágio do luto.

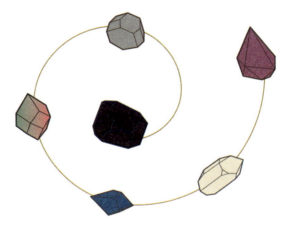

MOTIVAÇÃO

A realização de seus sonhos requer motivação. E posso compreender – há certas horas em que você se sente menos motivado que em outras. A motivação vem do chacra do plexo solar, que é um chacra da vontade pessoal. Desequilíbrios de energia afetam a motivação, de modo que reequilibrar a energia com cristais pode fazer com que você se mova de novo em uma direção positiva.

MANTRA

Ao escolher, eu o faço de modo a poder ser.

INDICAÇÃO 1 – OLHO DE TIGRE AMARELO

O olho de tigre amarelo é uma pedra que pode amplificar a vontade pessoal.

Segure o olho de tigre amarelo junto ao chacra do plexo solar (ou deite-se confortavelmente com ele sobre o plexo solar) e repita o mantra.

Alternativamente, se você está tentando encontrar motivação para fazer algo específico, pode recitar um mantra específico para tal atividade, como "Eu escolho alimentos que contribuem para a minha saúde", para ter uma alimentação nutritiva, ou "Eu escolho viver em um ambiente limpo", para motivá-lo a limpar o espaço onde vive.

INDICAÇÃO 2 - FLUORITA ARCO-ÍRIS

A fluorita arco-íris é uma pedra excelente para ajudá-lo a manter-se focado e motivado. Um colar ou um pingente são perfeitos para este uso.

Nos dias em que você necessita de alguma motivação, segure um colar ou pingente com fluorita arco-íris na mão emissora (dominante). Repita o mantra antes de colocar esse acessório.

INDICAÇÃO 3 - CITRINO E ÓLEOS ESSENCIAIS

Combine cristais com óleos essenciais para ajudar a melhorar seu foco e sua motivação. Muitas empresas de óleos essenciais produzem seus próprios *blends* motivacionais (como o Motivation, da Young Living; ou o Motivate, da doTERRA) ou você pode usar um único óleo, por exemplo de laranja ou limão.

Use um difusor de óleos essenciais ao meditar, segurando um citrino junto ao chacra do plexo solar e repetindo o mantra.

NEGATIVIDADE

A negatividade pode vir de você ou de outras pessoas, ou mesmo de eventos mundiais, mas seja de onde quer que venha, é uma energia que paralisa e dificulta o foco na criação de coisas positivas para sua vida. Além do mais, não é nada agradável ficar preso na negatividade. O trabalho com cristais pode ajudar você a transmutar a negatividade e focar no que é positivo.

MANTRA

Eu escolho ser positivo.
Tudo o que vejo e vivencio,
eu percebo de forma positiva.

INDICAÇÃO 1 – QUARTZO-ENFUMAÇADO

Como já mencionei, tenho todo o perímetro de minha propriedade e de minha casa circundado com pedaços de quartzo-enfumaçado, de modo que qualquer energia que entre em minha propriedade e em meu espaço pessoal seja convertida em energia positiva. Você com certeza pode fazer isso, mas não precisa ir tão longe.

Coloque quartzo-enfumaçado debaixo da cama ou na mesa de trabalho e ele ajudará a converter a energia ao seu redor de negativa para positiva.

Limpe a pedra com frequência, particularmente se estiver em um ambiente negativo.

INDICAÇÃO 2 – ANEL DE HEMATITA

A hematita é uma pedra que irá absorver a negatividade, venha ela de você, de outros ou do ambiente.

Use um anel de hematita ou um anel com uma turmalina-negra.
Antes de colocar o anel, segure-o na mão e repita o mantra.
Limpe a pedra regularmente, e substitua o anel de hematita caso ele se parta.

INDICAÇÃO 3 – LÂMPADA DE SAL DO HIMALAIA

Embora eu não o tenha listado neste livro até agora, o sal rosa do Himalaia é um cristal, e é uma excelente forma de criar um ambiente positivo em seu espaço. Use uma lâmpada ou castiçal de sal rosa do Himalaia (veja a seção de recursos na página 194) em um aposento em que você passa muito tempo. Quando o calor da lâmpada ou da vela se difunde através do sal, ela gera um campo de energia positiva e limpa a negatividade.

PACIÊNCIA

Corre o boato em minha casa que, de vez em quando, sob certas circunstâncias, eu perco a paciência – o que me torna exatamente igual a todo mundo. Às vezes é difícil ser paciente, enquanto em outras horas nós temos uma paciência de santo. As seguintes indicações de uso dos cristais podem ajudar a lhe dar um apoio quando precisar de um pouco mais de paciência.

MANTRA

Isto também vai passar. Tudo é temporário.

INDICAÇÃO 1 - HOWLITA

A howlita pode ajudar lhe ensinando a ter paciência. Se você tem um estilo de vida no qual precisa lidar frequentemente com a impaciência (crianças pequenas, longas filas no banco, a loucura dos estacionamentos escolares), é uma boa pedra para se usar.

Mantenha um pedaço liso de howlita no bolso.

Quando sentir que a impaciência começa a se manifestar, use a howlita como uma "pedra da preocupação" e repita o mantra.

INDICAÇÃO 2 - AMAZONITA

Se você sofre de impaciência generalizada (em outras palavras, se você é uma pessoa sempre impaciente), tente a amazonita, que pode acalmar o nervosismo, ajudando você a se tranquilizar e ter mais paciência.

Mantenha um pedaço de amazonita no bolso ou durma com ela junto à cama ou debaixo dela.

INDICAÇÃO 3 - LABRADORITA

Às vezes o que precisamos, na verdade, é de paciência conosco mesmos. A labradorita pode ajudar nisso. Tenho labradorita por toda a minha casa, e com frequência eu a uso em acessórios, e pode ser por isso que minha paciência aumentou. Recomendo muito os acessórios de labradorita.

Antes de colocar um acessório que tenha um pedaço de labradorita, segure-o com sua mão receptora (não dominante).

Recite este mantra: "Eu sou paciente. Eu estou em paz.".

PAZ INTERIOR

Todo tipo de paz, seja ela a paz pessoal, a paz nos relacionamentos, a paz nas sociedades ou a paz mundial, começa com a paz interior. Mantendo a calma a despeito da tormenta que possa rugir lá fora, você estabelece o exemplo vibracional para os demais, que, ao encontrarem a paz por meio de seu exemplo, também vão disseminá-la. É possível estar nesse lugar de paz, mesmo quando o mundo parece mergulhado na escuridão mais profunda. Buscar refúgio em seu lugar pacífico pode ajudar você a atravessar até mesmo os períodos mais difíceis.

MANTRA

Independentemente do que aconteça à minha volta, eu estou em paz.

INDICAÇÃO 1 - LARIMAR

O larimar, com seu azul exterior tão onírico, é uma bela pedra de paz, e atualmente uma de minhas favoritas (minhas favoritas mudam com grande frequência).

Use o larimar como uma pedra de contemplação.

Coloque-o a uns 30 centímetros de seus olhos e contemple-o enquanto repete o mantra.

INDICAÇÃO 2 - CALCITA AZUL

A calcita azul é outra pedra cheia de paz. Ela pode ajudar a lhe trazer paz até mesmo nos momentos mais estressantes, por exemplo quando você tem uma descarga de adrenalina, que desencadeia uma reação de lutar ou fugir.

Mantenha um pedaço de calcita azul com você e segure-o na mão receptora (não dominante) quando precisar de paz.

Visualize a tranquila energia azul entrando em sua mão através do cristal, e fluindo por todo o seu corpo.

INDICAÇÃO 3 – GRADE PARA A PAZ

A Prece da Serenidade estabelece um caminho para a paz: mude o que pode controlar, deixe ir o que não controla e compreenda a diferença entre ambos. Esta grade de cristal pode ajudar você a alcançar a paz mesmo nas circunstâncias mais difíceis, pois ajuda a desapegar, a superar a ânsia pelo controle e a encontrar a paz interior e a sabedoria.

CONFIGURAÇÃO: Círculo (uno/unidade)

PEDRA FOCAL: Turquesa (paz interior)

PEDRAS DE INTENÇÃO: Água-marinha (desapego)

PEDRAS PERIMETRAIS: Ametista (sabedoria)

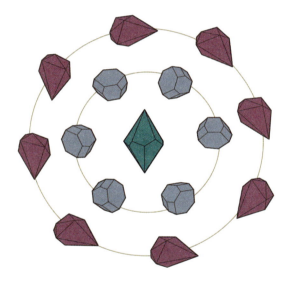

PERDÃO

Muita gente interpreta mal o perdão, acreditando que é sobre deixar alguém que causou um dano se dar bem. Não é isso. Perdão tem a ver com sua própria escolha de não carregar mais com você a dor que acredita ter sido causada por ações alheias – ou por suas próprias ações. É um ato de amor por si mesmo.

MANTRA

*Eu deixo ir as mágoas do passado
e sigo em frente com amor.*

INDICAÇÃO 1 – LÁGRIMAS-DE-APACHE

As lágrimas-de-apache podem ajudar a superar sentimentos difíceis e dolorosos, tornando-as especialmente úteis quando você precisa libertar-se de sentimentos negativos, para seguir em frente e perdoar.

Segure as lágrimas-de-apache na mão emissora (dominante) e visualize todos os seus sentimentos feridos como uma sombra escura que flui por seu braço dominante até chegar em sua mão e dela adentrar o cristal.

Quando se sentir livre desses sentimentos, visualize a pessoa que precisa perdoar e diga: "Eu deixo você ir. Eu perdoo você.".

Repita pelo tempo que quiser.

INDICAÇÃO 2 - RODOCROSITA

A rodocrosita é uma pedra rosa muito bonita, que pode ajudar com o perdão.

Sente-se ou deite-se confortavelmente e segure a rodocrosita sobre o coração com as duas mãos.
Repita o mantra. Faça isso até sentir-se em paz.

INDICAÇÃO 3
GRADE PARA O PERDÃO E MEDITAÇÃO

Crie a grade para o perdão que está na página 55 e coloque-a perto de um local onde possa meditar confortavelmente. Sente-se ou deite-se junto a ela e visualize a pessoa que deseja perdoar. Imagine sua conexão energética como laços que se estendem entre vocês dois. Agora visualize-se cortando os laços, enquanto repete o mantra ou diz: "Eu deixo você ir.". Uma vez que os laços tenham sido cortados, visualize a pessoa que precisa perdoar envolta em uma luz branca.

PROSPERIDADE

Muitas pessoas têm dificuldade com a prosperidade, muitas vezes porque a crença em seu oposto, a privação, é tão frequente em nossa sociedade. A chave para estabelecer a prosperidade é acreditar que há o suficiente, e que você não precisa tirar nada de outra pessoa para ser próspero. A maioria das pessoas acredita que a prosperidade tem relação com o dinheiro, quando na verdade significa ter em abundância todas as coisas que você valoriza, incluindo amor, compaixão, alegria, amizade, saúde e dinheiro.

MANTRA

Eu sou grato por ser próspero.

INDICAÇÃO 1 – CITRINO

O citrino é a pedra da prosperidade mais conhecida. Gosto de combinar citrino com o *feng shui* (o sistema chinês de organização dos ambientes para facilitar o fluxo de energia). Cada aposento da casa tem um canto da prosperidade, assim como a casa como um todo. Para determinar qual o canto da prosperidade, fique na porta de entrada do aposento ou da casa e olhe para dentro. O canto posterior esquerdo do aposento ou da casa é o canto da prosperidade. Se você é super ótimo com as direções ou gosta de usar uma bússola, o canto sudoeste de cada aposento e da casa também é o canto da riqueza. Use um desses métodos para determinar a localização de seu canto da prosperidade.

Antes de posicionar o citrino, energize cada pedaço segurando-o na mão emissora (dominante) enquanto repete o mantra.

Coloque cristais de citrino no canto da prosperidade de cada aposento, bem como no canto da casa como um todo.

INDICAÇÃO 2 – AVENTURINA

A aventurina verde também é poderosa para atrair a prosperidade.

Segure um pedaço de aventurina verde na mão receptora (não dominante) e visualize a si mesmo como um ímã, atraindo a prosperidade para você.

Repita o mantra por 5 a 10 minutos.

INDICAÇÃO 3 – GRADE PARA A PROSPERIDADE

Crie uma grade para a prosperidade. Coloque-a no canto da prosperidade de sua casa, como foi descrito na Indicação 1 – Citrino.

CONFIGURAÇÃO: *Vesica piscis* (criação)

PEDRA FOCAL: Citrino (prosperidade)

PEDRAS DE INTENÇÃO: Turquesa (sorte e prosperidade)

PEDRAS PERIMETRAIS: Quartzo-transparente (amplifica)

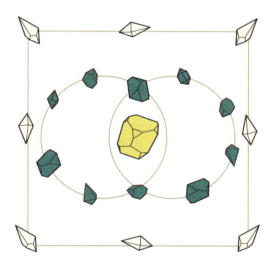

RAIVA

Todos nós sentimos raiva de tempos em tempos. Para mim, o melhor modo de lidar com a raiva é permitir a si mesmo senti-la por completo, porque quando você não tenta controlá-la, ela passa através de você mais rapidamente. No entanto, se a raiva fica presa ou se você tem problemas que resultam de raiva excessiva ou prolongada, como fúria, frustração ou mágoa, então o trabalho com cristais pode ajudar você a se libertar e seguir em frente.

MANTRA

*Eu controlo minha raiva
expressando-me de forma calma e positiva.*

INDICAÇÃO 1 – MALAQUITA

A raiva é com frequência um problema do chacra do coração. É uma emoção de expressão demasiada e de excesso de energia. Isso significa que ela precisa ser absorvida e, portanto, requer um cristal opaco que possa absorver a energia à medida que você a libera. O verde profundo da malaquita equilibra a energia do chacra do coração, absorvendo seu excesso. Depois que meu marido sofreu um ataque do coração, fiz com que ele passasse a usar um cordão longo no pescoço, com um pedaço de malaquita que pendia à altura do coração, e é esta a indicação de uso que faço aqui. Uma vez que a fúria e a raiva com frequência se instalam no coração e causam uma energia excessiva e desequilibrada, a malaquita que pende nesse nível pode absorvê-la de forma eficiente.

Pendure um pedaço de malaquita em um cordão, de forma que o cristal fique no nível do coração, e use-o o dia inteiro.

Limpe a malaquita diariamente.

Caso sinta a raiva crescendo, e ela não passe, envolva a malaquita com a mão emissora (dominante), feche os olhos, se isso lhe parecer confortável, e repita o mantra.

INDICAÇÃO 2 - JASPE VERMELHO OU PRETO

Para a raiva decorrente do medo (uma causa comum para a raiva, pois esta serve como mecanismo de defesa quando se sente medo), você precisará de uma pedra preta opaca ou vermelha. Aqui, recomendo um pedaço de jaspe vermelho ou preto, que deve ser colocado no bolso da calça. Quando a raiva domina você e não passa, pergunte a si mesmo se é um mecanismo de defesa contra o medo.

Segure o jaspe na mão emissora (dominante) e firme bem os pés no chão.

Visualize sua raiva como uma nuvem vermelho-escura que sai através da sola de seus pés para dentro da Terra, que irá neutralizá-la.

Você também pode usar o mantra.

INDICAÇÃO 3 - GRADE PARA LIBERTAR-SE DA RAIVA

Recomendo uma grade circular simples. O círculo representa o uno e a unidade. As pedras nesta grade destinam-se a duas coisas: absorver a raiva e amplificar a compaixão. Coloque-a em qualquer lugar onde você passe muito tempo ou debaixo de sua cama. Limpe as pedras, em particular a pedra focal, a cada poucos dias. Qualquer formato ou forma de pedra vai funcionar aqui.

CONFIGURAÇÃO: Círculo

PEDRA FOCAL: Malaquita (absorve a raiva)

PEDRAS PERIMETRAIS/ DE INTENÇÃO: Quartzo-rosa (amplifica a compaixão)

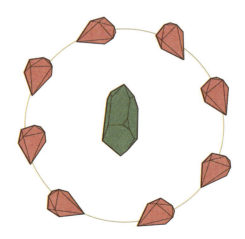

REJEIÇÃO

É doloroso quando você sente que foi rejeitado por alguém, seja em um relacionamento pessoal, seja em outras situações, como no trabalho. Sempre que você se expõe aos outros de alguma forma, existe o risco da rejeição. É simplesmente um fato da vida sobre o qual você não tem nenhum controle. O que você *pode* controlar, no entanto, é sua reação à rejeição ou o medo da rejeição, que o impede de tentar novas coisas.

MANTRA

Mesmo quando sinto medo,
assumo riscos que servem a meu bem maior.

INDICAÇÃO 1 - QUARTZO-ROSA

A rejeição dói se for levada a sério. Não podemos controlar se outra pessoa nos quer, gosta de nós ou nos escolhe, mas isso não impede que doa quando a rejeição acontece. Para curar a dor da rejeição, você precisa reencontrar o amor por si mesmo, e o quartzo-rosa é efetivo nesse sentido.

Se você está sofrendo a dor da rejeição, use acessórios de quartzo-rosa.
Visualize o amor incondicional fluindo do quartzo-rosa através de todo o seu corpo.

INDICAÇÃO 2 - HEMATITA

Em última análise, a superação do medo da rejeição reside na superação do medo. O medo é uma emoção que tem início no chacra da raiz e está relacionado com a sensação de segurança.

Medite com uma hematita em sua mão receptora (não dominante). Enquanto repete o mantra, visualize seu medo da rejeição como uma nuvem escura que flui de seu corpo para a hematita.

Limpe a pedra depois da meditação.

INDICAÇÃO 3 - OLHO DE TIGRE AMARELO

A rejeição nos atinge no plexo solar, afetando a imagem que fazemos de nós mesmos e nossa autoestima. O fortalecimento desse chacra pode ajudar você a superar a dor de rejeições do passado, e serve para imunizá-lo contra rejeições futuras, pois se tiver um forte senso de autoestima, ficará menos suscetível a efeitos negativos em caso de rejeição.

Para usar o olho de tigre amarelo, deite-se confortavelmente de costas e coloque o cristal sobre o chacra do plexo solar.

Visualize a energia do cristal fluindo através de você e fortalecendo sua autoestima.

Identifique seu cristal
Um guia de cores

AMARELO / DOURADO

	ÁGATA- -AMARELA		ÂMBAR
	APATITA- -AMARELA		AVENTURINA- -AMARELA
	CALCITA- -AMARELA		CIANITA- -AMARELA
	CITRINO		DAMBURITA- -AMARELA
	FLUORITA- -AMARELA		JADE- -AMARELO
	OLHO DE TIGRE AMARELO		TOPÁZIO

AZUL

	ÁGATA-LAÇO--AZUL		ÁGUA-MARINHA
	APATITA-AZUL		AVENTURINA--AZUL
	CALCEDÔNIA--AZUL		CALCITA-AZUL
	CIANITA-AZUL		FLUORITA-AZUL
	LABRADORITA		LÁPIS-LAZÚLI
	LARIMAR		OLHO DE TIGRE AZUL
	SAFIRA		SODALITA
	TANZANITA		TURQUESA

184 Identifique seu cristal

BRANCO / TRANSPARENTE

	ÁGATA-BRANCA		CALCITA--BRANCA
	DAMBURITA		FLUORITA--INCOLOR
	HOWLITA		JADE-BRANCO
	OPALA		PEDRA DA LUA
	QUARTZO--TRANSPARENTE		SELENITA

Identifique seu cristal

CINZA

	ÁGATA BOTSUANA		ÁGATA PRETA OU CINZA
	AVENTURINA--CINZA		

LARANJA / PÊSSEGO

	APATITA--LARANJA		AVENTURINA--LARANJA
	CORNALINA		GRANADA HESSONITA
	OPALA DE FOGO		PEDRA DA LUA PÊSSEGO
	SAFIRA PADPARADSCHA		

Identifique seu cristal 187

PRETO

	CALCITA-PRETA		CIANITA-PRETA
	HEMATITA		JADE-PRETO
	JASPE-PRETO		LÁGRIMAS--DE-APACHE
	MAGNETITA		OBSIDIANA
	ÔNIX		OPALA-PRETA
	TURMALINA--NEGRA		

ROSA

	APATITA-ROSA		CALCITA-ROSA
	DAMBURITA ROSA-CLARO		FLUORITA-ROSA
	QUARTZO-ROSA		RODOCROSITA
	TURMALINA--ROSA		

ROXO

	ÁGATA-ROXA		AMETISTA
	CALCITA-ROXA		FLUORITA-ROXA
	JADE-LAVANDA		

Identifique seu cristal

VERDE

	ÁGATA-MUSGO		AMAZONITA
	AVENTURINA- -VERDE		CALCITA-VERDE
	EPIDOTO		ESMERALDA
	FLUORITA-VERDE		FUCHSITA
	GRANADA TSAVORITA		JADE-VERDE
	MALAQUITA		MOLDAVITA
	PERIDOTO		TURMALINA- -VERDE

VERMELHO

	ÁGATA--VERMELHA		AVENTURINA--VERMELHA
	CALCITA--VERMELHA		GRANADA--VERMELHA
	JADE-VERMELHO		JASPE--VERMELHO
	OLHO DE TIGRE VERMELHO		RUBI

Identifique seu cristal

Glossário

AFIRMAÇÃO Uma declaração de intenção positiva

AGREGADO Substância que é uma combinação de vários minerais sem estrutura cristalina

ATERRAMENTO Processo de enraizar a sua energia na energia da Terra

AURA Um campo de energia que se estende para além do corpo

CHACRA Centros de energia que conectam o físico ao não físico

CONSCIÊNCIA SUPERIOR Seu eu superior, sua parte que é Divina, sua alma

DIVINO Reinos superiores

ENERGIA Substância que está subjacente a toda a matéria do universo

ENERGIZAR Adicionar intenção à energia de um cristal

HEXAGONAL Um tipo de estrutura de sistemas cristalinos; energeticamente, os cristais hexagonais são agentes da manifestação

INTUIÇÃO A informação que vem de sua consciência superior

ISOMÉTRICO Um tipo de estrutura de sistemas cristalinos; energeticamente, os cristais isométricos são amplificadores

LIMPEZA Limpar a energia dos cristais para que possam ressoar em sua própria frequência

MANTRA Qualquer afirmação que você recite durante a meditação para fixar a atenção da mente

MÃO EMISSORA Mão que envia energia para longe do corpo, em geral a mão dominante

MÃO RECEPTORA Mão pela qual a energia é recebida, em geral a mão não dominante

MONOCLÍNICO Um tipo de estrutura de sistemas cristalinos; energeticamente, as pedras monoclínicas são protetoras

ORTORRÔMBICO Um tipo de estrutura de sistemas cristalinos; energeticamente, os cristais ortorrômbicos promovem a limpeza, a purificação e a liberação

PEDRA DA PREOCUPAÇÃO Uma pedra achatada e lisa, na qual se esfrega o polegar

RESSONÂNCIA Dois sistemas energéticos com diferentes vibrações que sincronizam quando ambos são colocados um junto ao outro

SISTEMA CRISTALINO Os diversos sistemas nos quais os cristais são categorizados, com base nos tipos de rede cristalina

TETRAGONAL Um tipo de estrutura de sistemas cristalinos; energeticamente, os cristais hexagonais ajudam a alcançar os desejos

TRICLÍNICO Um tipo de estrutura de sistemas cristalinos; energeticamente, os cristais triclínicos estabelecem limites e afastam energias

Recursos

APLICATIVOS

Bowls – Authentic Tibetan Singing Bowls (Oceanhouse Media, 2015) [Disponível para iOS]

Crystal Guide Pocket Edition, de Mark Stevens (Mark Stevens, 2017) [Disponível para Android]

New Age Stones and Crystal Guide, de August Hesse (Star 7 Engineering, 2010) [Disponível para iOS]

Solfeggio Sonic Sound Healing Meditations, de Glenn Harrold e Ali Calderwood (Diviniti Publishing, 2017) [Disponível para iOS]

LIVROS

A bíblia dos chakras: o guia definitivo de trabalho com os chakras, de Patricia Mercier (Editora Pensamento, 2012)

Crystals for Healing: The Complete Reference Guide, de Karen Frazier (Berkeley, CA: Althea Press, 2015)

Higher Vibes Toolbox: Vibrational Healing for an Empowered Life, de Karen Frazier (La Vergne, TN: Afterlife Publishing, 2017)

The Subtle Body: An Encyclopedia of Your Energetic Anatomy, de Cyndi Dale (Louisville, CO: Sounds True, 2014)

SITES NA INTERNET

Amazon.com.br Oferece uma boa seleção de lâmpadas de sal do Himalaia. Digite *"Luminária de sal do Himalaia"* no campo de buscas.

Enchanted Auras.com Produtos de cristal e informações sobre os cristais e suas propriedades.

HealingCrystals.com Minha loja virtual de cristais favorita, com informações ótimas e abundantes sobre cristais, bem como grande quantidade de cristais à venda.

Minerals.net Um banco de dados com informações técnicas e científicas sobre minerais.

Myss.com Página *web* da autora Caroline Myss, com ótimas informações sobre os chacras.

Referências

Crystal Age. "A Brief History of Crystals and Healing." Disponível em: www.crystalage.com/crystal_information/crystal_history/. Acesso em: 3 mar. 2020.

Crystal Age . "The Seven Crystal Systems." Disponível em: www.crystalage.com/crystal_information/seven_crystal_systems/. Acesso em: 3 mar. 2020.

Dictionary.com. "Piezoelectric Effect." Disponível em: www.dictionary.com/browse/piezoelectric-effect. Acesso em: 3 mar. 2020.

GemSelect. "How Gemstones Get Their Colors." 11 de março de 2008. Disponível em: www.gemselect.com/other-info/about-gemstone-color.php. Acesso em: 3 mar. 2020.

Golombek, D. A. e R. E. Rosenstein. "Physiology of Circadian Entrainment." *Physiological Reviews* 90, n. 3, jul. 2010: 1063-102. Disponível em: www.journals.physiology.org/doi/full/10.1152/physrev.00009.2009. Acesso em: 3 mar. 2020.

Hadni, A. "Applications of the Pyroelectric Effect." *Journal of Physics E: Scientific Instruments* 14, n. 11, nov. 1981: 1233-240. Disponível em: www.iopscience.iop.org/article/10.1088/0022-3735/14/11/002/pdf. Acesso em: 3 mar. 2020.

Larson Jewelers. "What Is the Difference Between a Gemstone, Rock and Mineral?" 17 de maio de 2016. Disponível em: www.blog.larsonjewelers.com/difference-between-a-gemstone-rock-and-mineral/. Acesso em: 3 mar. 2020.

Online Dictionary of Crystallography. "Crystal System." 7 de junho de 2017. Disponível em: www.reference.iucr.org/dictionary/Crystal_system. Acesso em: 3 mar. 2020.

ScienceDaily. "Pyroelectricity." Disponível em: www.sciencedaily.com/terms/pyroelectricity.htm. Acesso em: 3 mar. 2020.

Starr, Michelle. "Quartz Crystal Computer Rocks." CNET. 19 de maio de 2014. Disponível em: www.cnet.com/news/quartz-crystal-computer-rocks/. Acesso em: 3 mar. 2020.

The Watch Company, Inc. "Quartz Watches." WatchCo.com. Disponível em: www.watchco.com/quartz-watches/. Acesso em: 3 mar. 2020.

Thompson, R. J., Jr. "The Development of the Quartz Crystal Oscillator Industry of World War II." *IEEE Trans Ultrason Ferroelectr Freq Control* 52, n. 5, maio 2005: 694-7. Disponível em: www.ncbi.nlm.nih.gov/pubmed/16048172. Acesso em: 3 mar. 2020.

Índice remissivo

A

Absorção de energia. *Veja*
Energia, cristais que absorvem
Abuso, indicações para, 132-133
Ágata, 88
Aglomerados, 34
Água-marinha
arrependimento, grade para liberação do, 139
compaixão, indicação para, 143
coragem, grade para, 147
coragem, indicação para, 146
gratidão, indicação para, 158
paz, grade para, 173
sobre, 89
Amazonita
coragem, grade para , 147
paciência, indicação para, 171
sobre, 90
Âmbar
ansiedade, indicação para, 136
autoconfiança, indicação para, 141
felicidade, indicação para, 156
sobre, 20, 91
Ametista. *Veja também* Citrino
ansiedade, indicação para, 137
combinação, 39
confiança, indicação para, 145
criatividade, grade para, 55
dependência, indicação para, 149
determinação, indicação para, 150
luto, grade para, 165
paz, grade para, 173
sobre, 32, 66-67
terceiro olho, grade para, 151
Ametrino
determinação, indicação para, 151
sobre, 92
Amor, indicações para, 134-135
Amorfos, cristais
âmbar, 91
lágrimas-de-apache, 107
moldavita, 112
obsidiana, 113
opala, 116
sobre, 18, 36
Amplificação de energia. *Veja*
Energia, cristais que amplificam
Ansiedade, indicações para, 136-137
Apatita
inveja, indicação para, 161
sobre, 93
Arrependimento, indicações para, 138-139
Autoconfiança, indicações para, 140-141
Aventurina
inveja, indicação para, 160
prosperidade, indicação para, 176
sobre, 94

B

Bastões, 35
Berilos, 100

C

Calcedônia, 95. *Veja também* Ônix
Calcita
   paz interior, indicação para, 172
   sobre, 96
Chacras, 56-57, 61, 149. *Veja também cristais específicos*
Cianita
   limites, indicação para estabelecer, 162
   luto, grade para, 165
   sobre, 97
Círculos, 54
Citrino
   abuso, grade para, 133
   autoconfiança, indicação para, 141
   combinação, 39
   coragem, grade para, 147
   coragem, indicação para, 146
   criatividade, grade para, 55
   felicidade, indicação para, 157
   motivação, indicação para, 167
   prosperidade, grade para, 177
   prosperidade, indicação para, 176
   sobre, 32, 68-69
Ciúmes. *Veja* Inveja, indicações para
Compaixão, indicações para, 142-143
Confiança, indicações para, 144-145
Cor
   chacras, 56-59
   cristais, 18, 183-191
Coração (quarto), chacra do, 56-57, 61
Coragem, indicações para, 146-147
Cornalina
   abuso, grade para, 133
   abuso, indicação para, 132
   confiança, indicação para, 161
   inveja, indicação para, 161
   sobre, 32, 70-71
Coroa (sétimo), chacra da, 57, 61
Corpo, 44
Crisólita. *Veja* Peridoto
Cristais. *Veja também cristais específicos; indicações específicas*
   combinação, 38-39
   como guardar, 50
   compra, 31
   dicas para comprar, 40-41
   e cor, 18, 183-191
   e cura, 17, 44, 47-48
   e necessidades individuais, 27
   energia dos, 21-22, 24-25, 43
   escolha, 36-38, 47
   formatos, 34-35, 37
   limpeza, 45, 61
   manutenção, 46
   mitos sobre, 25-26
   na tecnologia, 23
   naturais *versus* de laboratório, 20-21
   nomes comerciais, 35-36
   programação, 46
   segurança, 50-51
   sobre, 18, 20
   tipos de redes, 18-19
   utilitários, 32-33, 66-84
Cristais brutos, 34

Cueva de los Cristales (Caverna dos Cristais), 40
Cura. *Veja também indicações específicas*
 corpo, mente e espírito, 44
 dicas para, 47-48
 e intenção, 46, 49
 escolha do cristal para, 47
 som, 61

D

Damburita, 98
Dependência, indicações para, 148-149
Determinação, indicações para, 150-151
Diamantes, 20
Dodecaedros, 37

E

Efeito piezoelétrico, 22
Efeito piroelétrico, 22
Eletricidade, 21-22
Elixires, 47
Energia, 21-22, 24-25, 43
 Cristais que absorvem,
  amazonita, 90
  âmbar, 91
  cornalina, 70-71
  fluorita, 72-73
  fuchsita, 101
  hematita, 74-75
  howlita, 103
  jade, 104
  jaspe, 105
  lágrimas-de-apache, 107
  lápis-lazúli, 108
  larimar, 109
  malaquita, 111
  olho de tigre, 114
  ônix, 115
  turmalina-negra, 82-83
  turquesa, 84-85
 Cristais que amplificam,
  ágata, 88
  água-marinha, 89
  âmbar, 91
  ametista, 66-67
  ametrino, 92
  apatita, 93
  aventurina, 94
  calcedônia, 95
  calcita, 96
  citrino, 68-69
  damburita, 98
  epidoto, 99
  esmeralda, 100
  granada, 101
  labradorita, 106
  magnetita, 110
  moldavita, 112
  obsidiana, 113
  opala, 116
  pedra da lua, 117
  peridoto, 118
  quartzo-enfumaçado, 76-77
  quartzo-rosa, 78-79
  quartzo-transparente, 80-81
  rodocrosita, 119
  rubi, 120
  safira, 121
  selenita, 122
  sodalita, 123
  tanzanita, 124
  topázio, 125
  turmalina, 126
  zircão, 127

Epidoto, 99
Equilíbrio, indicações para, 152-153
Esferas, 37
Esmeralda, 100
Espirais, 54
Espírito, 44
Estresse, indicações para, 154-155

F

Felicidade, indicações para, 156-157
Fenaquita, 27
Fluorita, 72-73. *Veja também* Fluorita arco-íris
Fluorita arco-íris
  equilíbrio, indicação para, 152
  luto, grade para, 164
  motivação, indicação para, 166
  sobre, 32
Fuchsita, 101

G

Garganta (quinto), chacra da, 56-57, 61
Gemas, 20
Geodos, 34
Geometria sagrada, 37, 54-55
Grades de cristais
  abuso, 133
  arrependimento, liberação do, 139
  coragem, 147
  criatividade, 55
  gratidão, 159
  luto, 165
  paz, 173
  perdão, 55, 175
  prosperidade, 177
  raiva, liberação da, 179
  sobre, 54-55
  terceiro olho, 151
Granada
  combinação, 39
  confiança, indicação para, 144
  sobre, 102
Gratidão, indicações para, 158-159

H

Hematita
  dependência, indicação para, 148
  estresse, indicação para, 155
  luto, grade para, 165
  negatividade, indicação para, 169
  rejeição, indicação para, 181
  sobre, 32, 74-75
Hexaedros, 37
Hexagonais, cristais
  ágata, 88
  água-marinha, 89
  ametista, 66-67
  ametrino, 92
  apatita, 93
  aventurina, 94
  calcedônia, 95
  calcita, 96
  citrino, 68-69
  cornalina, 70-71
  esmeralda, 100
  hematita, 74-75
  jaspe, 105
  olho de tigre, 114
  ônix, 115
  quartzo-enfumaçado, 76-77
  quartzo-rosa, 78-79
  quartzo-transparente, 80-81

rodocrosita, 119
rubi, 120
safira, 121
sobre, 19, 36
turmalina, 126
turmalina-negra, 82-83
Howlita
  paciência, indicação para, 170
  sobre, 103

I

Icosaedros, 37
Intenção, 46, 49
Inveja, indicações para, 160-161
Isométricos, cristais
  fluorita, 72-73
  granada, 102
  sobre, 19, 36
  sodalita, 123

J

Jade, 104
Jaspe
  raiva, indicação para, 179
  sobre, 105

L

Labradorita
  combinação, 39
  limites, indicação para estabelecer, 163
  paciência, indicação para, 171
  sobre, 106

Lágrimas-de-apache
  combinação, 39
  luto, grade para, 165
  luto, indicação para, 164
  perdão, indicação para, 174
  sobre, 107
Lâminas, 34
Lápis-lazúli, 108
Larimar
  paz interior, indicação para, 172
  sobre, 109
Limites, indicações para estabelecer, 162-163
Limpeza, 45, 61
Luto, indicações para, 164-165

M

Magnetita, 110
Malaquita
  inveja, indicação para, 161
  raiva, grade para liberação da, 179
  raiva, indicação para, 178
  sobre, 111
Mantras, 60. *Veja também indicações específicas*
Manutenção, 46
Mármore, 20
Meditação, 60
Meditações afirmativas, 60
Mente, 44
Merkabas, 37
Minerais, 20
Moldavita, 112
Monoclínicos, cristais
  amazonita, 90
  calcedônia, 95
  epidoto, 99

fuchsita, 101
howlita, 103
jade, 104
magnetita, 110
malaquita, 111
pedra da lua, 117
selenita, 122
sobre, 19, 36
Motivação, indicações para, 166-167

N

Negatividade, indicações
  para, 168-169

O

Obsidiana, 113. *Veja também*
  Lágrimas-de-apache
Octaedros, 37
Óleos essenciais
  ansiedade, indicação para, 137
  motivação, indicação para, 167
Olho de tigre, 114. *Veja também*
  Olho de tigre amarelo
Olho de tigre amarelo
  abuso, indicação para, 133
  autoconfiança, indicação para, 140
  estresse, indicação para, 154
  motivação, indicação para, 166
  rejeição, indicação para, 181
Olivina. *Veja* Peridoto
Ônix, 115
Opala, 20, 116
Ortorrômbicos, cristais
  damburita, 98
  peridoto, 118
  sobre, 19, 36

tanzanita, 124
topázio, 125
Osciladores, 23

P

Paciência, indicações para, 170-171
Paz interior, indicações para, 172-173
Pectolita. *Veja* Larimar
Pedra da lua, 117
Pedras
  brutas, 34-35
  lapidadas, 35
  naturais, 34-35
  polidas, 35
Perdão, indicações para, 174-175
Peridoto
  amor, indicação para, 135
  compaixão, indicação para, 143
  sobre, 118
Pérolas, 20
Plexo solar (terceiro), chacra
  do, 56-57, 61
Pontas, 34
Preocupação. *Veja* Ansiedade,
  indicações para
Programação, 46
Prosperidade, indicações para, 176-177

Q

Quadrados, 54
Quartzo. *Veja também* Calcedônia;
  Quartzo-enfumaçado;
  Quartzo-rosa;
  Quartzo-transparente
  limpeza com, 45
  na tecnologia, 23
  sobre, 26

Índice remissivo 203

Quartzo-enfumaçado
  arrependimento, grade para liberação do, 139
  arrependimento, indicação para, 139
  combinação, 39
  estresse, indicação para, 155
  felicidade, indicação para, 157
  luto, grade para, 165
  negatividade, indicação para, 168
  sobre, 32, 76-77
Quartzo-rosa
  abuso, grade para, 133
  amor, indicação para, 134
  arrependimento, indicação para, 138
  combinação, 39
  compaixão, indicação para, 142
  gratidão, grade para, 159
  gratidão, indicação para, 158
  raiva, grade para liberação da, 179
  rejeição, indicação para, 180
  sobre, 32, 78-79
Quartzo-transparente
  abuso, grade para, 133
  combinação, 39
  coragem, grade para, 147
  equilíbrio, indicação para, 153
  gratidão, grade para, 159
  perdão, grade para, 55, 175
  prosperidade, grade para, 177
  sobre, 32, 80-81
  terceiro olho, grade para, 151

R

Raiva, indicações para, 178-179
Raiz (primeiro), chacra da, 54-55, 61
Rejeição, indicações para, 180-181
Ressonância, 21-22, 45

Ritmo circadiano, 21
"Rocha do espaço" *Veja* Moldavita
Rochas, 20
Rodocrosita
  perdão, indicação para, 175
  sobre, 119
Rubi
  combinação, 39
  luto, indicação para, 164
  sobre, 120

S

Sacro (segundo), chacra, 56-57, 61
Safira, 121
Sal do Himalaia, 169
Sálvia, 45
Schorl. *Veja* Turmalina-negra
Segurança, 50-51
Selenita
  perdão, grade para, 55, 175
  sobre, 122
Sistemas cristalinos, 18-19, 36
Sodalita
  ansiedade, indicação para, 137
  sobre, 123

T

Tanzanita, 124
Tectito, 112
Terceiro olho (sexto), chacra do, 57, 61
Teste muscular, 47
Tetraedro, 37
Tetragonais, cristais
  sobre, 19, 36
  zircão, 127
Tigelas sonoras, 61

Tipos de redes, 18-19, 36
Topázio, 125
Triângulos, 54
Triclínicos, cristais
  cianita, 97
  labradorita, 106
  larimar, 109
  sobre, 19, 36
  turquesa, 84-85
Turmalina. *Veja também*
  Turmalina-negra
  amor, indicação para, 135
  sobre, 126
Turmalina-negra
  abuso, grade para, 133
  arrependimento, grade para
    liberação do, 139
  combinação, 39
  equilíbrio, indicação para, 152
  sobre, 32, 82-83

Turquesa
  equilíbrio, indicação para, 153
  limites, indicação para
    estabelecer, 163
  paz, grade para, 173
  prosperidade, grade para, 177
  sobre, 32, 84-85

V

Vesica piscis, 54
Vibração
  e ressonância, 21-22
  som, 61
Vibração do som, 61

Z

Zircão, 127

Créditos adicionais

Página 33: Albert Russ/Shutterstock.com (hematita); Hapelena/Shutterstock.com (quartzo-enfumaçado); J. Palys/Shutterstock.com (quartzo-rosa, quartzo-transparente, citrino-amarelo, fluorita-arco-íris e turmalina-negra); Sergey Lavrentev/Shutterstock.com (ametista); Verbaska/Shutterstock.com (turquesa); Mivr/Shutterstock.com (cornalina); Página 39: Ozef/Shutterstock.com (labradorita); Vvoe/Shutterstock.com (lágrimas-de-apache); Albert Russ/Shutterstock.com (rubi); Página 88: Verbaska/Shutterstock.com (bruto); Afitz/Shutterstock.com (polido); Página 89: J. Palys/Shutterstock.com (bruto); VvoeVale/iStock (polido); Página 90: Marcel Clemens/Shutterstock.com (bruto); Phodo/iStock (polido); Página 91: Humbak/Shutterstock.com (bruto); Bestfotostudio/iStock (polido); Página 92: PNSJ88/Shutterstock.com (bruto); VvoeVale/iStock (polido); Página 93: Imfoto/Shutterstock.com (bruto); VvoeVale/iStock (polido); Página 94: J. Palys/Shutterstock.com (bruto); Verbaska/Shutterstock.com (polido); Página 95: VvoeVale/iStock (bruto); Reload Studio/iStock (polido); Página 96: Ratchanat Bua-Ngern/Shutterstock.com (bruto); Photo/iStock (polido); Página 97: Stefan Malloch/iStock (bruto); Vvoe/Shutterstock.com (polido); Página 99: Vvoe/Shutterstock.com; Página 100: Imfoto/Shutterstock.com (bruto); Byjeng/Shutterstock.com (lapidado); Página 101: Marcel Clemens/Shutterstock.com (bruto); Vvoe/Shutterstock.com (polido); Página 102: Rep0rter/iStock (bruto); Vvoe/Shutterstock.com (polido); Página 103: Miriam Doerr Martin Frommherz/Shutterstock.com (bruto); Verbaska/Shutterstock.com (polido); Página 104: Kongsky/Shutterstock.com (bruto); SirChopin/Shutterstock.com (polido); Página 105: DrPas/iStock (bruto); Verbaska/Shutterstock.com (polido); Página 106: J. Palys/Shutterstock.com (bruto); Página 107: Shutterstock.com (bruto); Página 108: J. Palys/Shutterstock.com (bruto); Oliver Mohr/Shutterstock.com (polido); Página 109: Kakabadze George/Shutterstock.com (bruto); Oleg1/iStock (polido); Página 110: Vitaly Raduntsev/Shutterstock.com (bruto); Página 111: Mali Lucky/Shutterstock.com (bruto); Madien/Shutterstock.com (polido); Página 112: Stellar Gems/Shutterstock.com (bruto); Página 113: Only Fabrizio/Shutterstock.com (bruto); PNSJ88/Shutterstock.com (polido); Página 114: J. Palys/Shutterstock.com (bruto); Coldmoon Photoproject/Shutterstock.com (polido); Página 115: J. Palys/Shutterstock.com (bruto); Nastya Pirieva/Shutterstock.com (polido); Página 116: Michael C. Gray/Shutterstock.com (bruto); Alexander Hoffmann (polido); Página 117: Vvoe/Shutterstock.com (bruto); Página 118: Albert Russ/Shutterstock.com (bruto); Vvoe/Shutterstock.com (polido); Página 119: PNSJ88/Shutterstock.com (bruto); Vvoe/Shutterstock.com (polido); Página 120: Bigjo5/iStock (polido); Página 121: Imfoto/Shutterstock.com (bruto); TinaImages/Shutterstock.com (lapidado); Página 122: VvoeVale/iStock (bruto); Only Fabrizio/Shutterstock.com (polido); Página 123: Optimarc/

Shutterstock.com (bruto); VvoeVale/iStock (polido); Página 124: PNSJ88/Shutterstock.com (bruto); Página 125: Albert Russ/Shutterstock.com (bruto); Nika Lerman/Shutterstock.com (lapidado); Página 126: Martina Osmy/Shutterstock.com (bruto); Bildagentur Zoonar GmbH/Shutterstock.com (lapidado); Página 127: Andy Koehler/123RF (bruto); SPbPhoto/Shutterstock.com (lapidado); Página 183: Imfoto/Shutterstock.com (aventurina); Tom Grundy/Shutterstock.com (cianita); Reload Design/Shutterstock.com (olho de tigre); Roy Palmer/Shutterstock.com (apatita); Warunee Chanopas/Shutterstock.com (calcita); Pig photo/Shutterstock.com (fluorita); Nastya22/Shutterstock.com (ágata); HelloRF Zcool/Shutterstock.com (jade); J. Palys/iStock (topázio); Página 184: Bjphotographs/Shutterstock.com (calcita); Coldmoon Photoproject/Shutterstock.com (olho de tigre); Martina Osmy/Shutterstock.com (aventurina); Página 185: Zelenskaya/Shutterstock.com (ágata); Albert Russ/Shutterstock.com (fluorita); Miljko/iStock (jade); Página 186: Clari Massimiliano/Shutterstock.com (ágata Botsuana); Vvoe/Shutterstock.com (aventurina-cinza); Potapov Alexander/Shutterstock.com (ágata-cinza); MarcelC/iStock (apatita); OKondratiuk/Shutterstock.com (aventurina-laranja); Nadezda Boltaca/Shutterstock.com (granada); Imfoto/Shutterstock.com (safira); TinaImages/Shutterstock.com (opala); Página 187: Tyler Boyes/Shutterstock.com (apatita); Jiri Vaclavek/Shutterstock.com (ágata-marrom); Benedek/iStock (jaspe); Pancrazio De Vita/Shutterstock.com (quartzo-enfumaçado); Fullempty/iStock (calcita); Hsvrs/iStock (ágata); Página 188: Roy Palmer/Shutterstock.com (lágrimas-de-apache, calcita e cianita); Marcel Clemens/Shutterstock.com (opala); Vvoe/Shutterstock.com (jaspe); Albert Russ/Shutterstock.com (turmalina); Stockcam/iStock (jade); Página 189: Optimarc/Shutterstock.com (apatita-rosa); Vvoe/Shutterstock.com (calcita-rosa); PNSJ88/Shutterstock.com (fluorita-rosa); Optimarc/Shutterstock.com (quartzo-rosa); Albert Russ/Shutterstock.com (calcita-roxa); Nantarpats/Shutterstock.com (jade); Godrick/iStock (ágata); Página 190: Olpo/Shutterstock.com (fluorita); Albert Russ/Shutterstock.com (granada); Página 191: Vangert/Shutterstock.com (ágata); Vvoe/Shutterstock.com (olho de tigre); Dafinchi/Shutterstock.com (calcita); YaiSirichai/Shutterstock.com (jade); Aregfly/Shutterstock.com (jaspe); Imfoto/Shutterstock.com (granada); Quarta capa, de cima para baixo: Martina Osmy/Shutterstock.com; Joannabrouwers/iStock.com; Verbaska/Shutterstock.com; Fullempty/iStock; Martina Osmy/Shutterstock.com; Hapelena/Shutterstock.com (quartzo-enfumaçado).

Este livro foi impresso pela Gráfica Grafilar
nas fontes Gotcha Standup, Gotham e Lunaquete
sobre papel Offset 120 g/m²
para a Mantra no verão de 2022.